森裕一・黒田正博・足立浩平 著

最小二乗法・
交互最小二乗法

統計学 3

One Point

共立出版

「統計学 One Point」編集委員会

鎌倉稔成 （中央大学理工学部，委員長）
江口真透 （統計数理研究所）
大草孝介 （九州大学大学院芸術工学研究院）
酒折文武 （中央大学理工学部）
瀬尾　隆 （東京理科大学理学部）
椿　広計 （独立行政法人統計センター）
西井龍映 （九州大学マス・フォア・インダストリ研究所）
松田安昌 （東北大学大学院経済学研究科）
森　裕一 （岡山理科大学経営学部）
宿久　洋 （同志社大学文化情報学部）
渡辺美智子（慶應義塾大学大学院健康マネジメント研究科）

「統計学 One Point」刊行にあたって

　まず述べねばならないのは，著名な先人たちが編纂された共立出版の『数学ワンポイント双書』が本シリーズのベースにあり，編集委員の多くがこの書物のお世話になった世代ということである．この『数学ワンポイント双書』は数学を理解する上で，学生が理解困難と思われる急所を理解するために編纂された秀作本である．

　現在，統計学は，経済学，数学，工学，医学，薬学，生物学，心理学，商学など，幅広い分野で活用されており，その基本となる考え方・方法論が様々な分野に散逸する結果となっている．統計学は，それぞれの分野で必要に応じて発展すればよいという考え方もある．しかしながら統計を専門とする学科が分散している状況の我が国においては，統計学の個々の要素を構成する考え方や手法を，網羅的に取り上げる本シリーズは，統計学の発展に大きく寄与できると確信するものである．さらに今日，ビッグデータや生産の効率化，人工知能，IoT など，統計学をそれらの分析ツールとして活用すべしという要求が高まっており，時代の要請も機が熟したと考えられる．

　本シリーズでは，難解な部分を解説することも考えているが，主として個々の手法を紹介し，大学で統計学を履修している学生の副読本，あるいは大学院生の専門家への橋渡し，また統計学に興味を持っている研究者・技術者の統計的手法の習得を目標として，様々な用途に活用していただくことを期待している．

　本シリーズを進めるにあたり，それぞれの分野において第一線で研究されている経験豊かな先生方に執筆をお願いした．素晴らしい原稿を執筆していただいた著者に感謝申し上げたい．また各巻のテーマの検討，著者への執筆依頼，原稿の閲読を担っていただいた編集委員の方々のご努力に感謝の意を表するものである．

編集委員会を代表して　鎌倉稔成

まえがき

　統計パッケージが普及して，パラメータの推定値や手書きでは大変なグラフ表現が簡単に得られるようになった．それは，その推定値を求める方法や考え方を詳しく知ることなく，最も「うまく」求められた（と信じる）結果を容易に手にすることができる環境が与えられたということでもある．しかし，実際的な場面を考えるなら，やはり重要な理論やその背景となる考え方は理解している方がよい．そんな1つに，最小二乗法がある．

　最小二乗法は，統計学では，多くの場合，回帰分析（単回帰）を学ぶときに初めて出てくる．そこでは，複数の観測点が与えられたとき，それらに最もよくフィットする直線を見つけるため，誤差の2乗の総和を最小にする直線を求めればよい，と説明がなされ，その方法が「最小二乗法」であると紹介される．この最小二乗法は，現代統計学において，推定値を求めるときに，最もよく利用される方法といってよく，その原理や理論も直感的に理解しやすいものである．最近では，2乗せずに絶対値を使う推定もあらためて注目されているが，それでも統計学におけるなくてはならないツールといえる．しかし，その利用場面に多く触れ，統計学における重要なツールであることは認識していても，意外と原理や考え方の基本に立ち戻って説明されることは少ない．もともと最小二乗法は誤差論に由来しており，測定・測量において広く応用されている手法である．そういった側面に触れながら，あらためて，最小二乗法の考え方にアプローチすることは意味のあることと考えた．

　一方，名義尺度や順序尺度などの質的データを尺度の水準を保ちながら量的データに最適変換する手法や，目的関数が複数の制約条件の線形結合として表される場合など，最小二乗基準の意味でそれぞれの制約を満たすことを繰り返しながら，推定値を求めるデータ変換（同時推定）手法があ

る．交互最小二乗法とよばれる手法である．解析的に解けない問題も，この交互最小二乗法を使うことによって，収束先を推定値とし，その値が目的から大きく外れないことなどから，非常に有用な手段として，近年，多くの手法に利用されている．こういった最適変換や同時推定においては，交互最小二乗法の手順は既知として扱われており，最小二乗基準の立場から，個別手法の解説を行っているものは多くない．そこで，交互最小二乗法の原理や留意点，具体的な利用例なども，最小二乗法とともに取り上げることにした．

以上より，本書は，第1章で最小二乗法，第2章で交互最小二乗法を取り上げ，第3章で両手法の計算に関連する話題を紹介することにする．

第1章では，1.1節と1.2節で，最小二乗法の原理を理解することに焦点をあて，最小二乗基準によるものの見方から始め，統計学での基本的な利用について説明する．導入には実際的な例を用い，統計利用の部分では2変数までの説明にとどめ，用いる数学も簡単なものとした．これに続き，1.3節で，微分や行列による解法および最小二乗法の性質，1.4節で，関連する話題をまとめた．この章により，最小二乗法の意味と利用法についての理解が深まるであろう．

第2章では，交互最小二乗法の全体像を理解することを目的に，まず原理を把握する簡単な例から始め，交互最小二乗法の発展経緯も含めた代表例と交互最小二乗法を利用する上での留意点を示し，そして，交互最小二乗法を利用した最近の手法の紹介へと進める．この章によって，交互最小二乗法とはどういったものかを把握できるであろう．

第3章では，2つの話題を取り上げる．3.1節では，反復計算をともなう交互最小二乗法の計算結果を少しでもはやく得るための工夫，すなわち，計算の加速化手法について紹介する．3.2節では，計算の実際として，非計量主成分分析のためのRパッケージの利用について解説する．これらにより，実際的な計算の工夫について学ぶことができるであろう．

ツールとして使っているが，意外と正確なところを知らないといった手法に焦点をあて，基本や原理を見てみることは，本シリーズ「統計学 One Point」に適した話題である．そういう意味で，最小二乗法と交互最

小二乗法を取り上げることにした次第である．こういった考え方もあるんだと，楽しみながら，最小二乗法について，あらためて意識してもらいたいと思っている．

　なお，編集委員や閲読者の先生方ならびに共立出版編集部の皆さまには，筆者らの拙稿をすみずみまでチェックし，数式内の小さなミスから理論や表現のあいまいな部分まで丁寧にご指摘いただき，さらには，有益なコメントも数多くいただいた．本書をより充実した内容へと導いてくださったのは各氏のおかげと筆者一同，感謝している．この場を借りて，厚く感謝の意を表したい．

2017 年 7 月

森　裕一（岡山理科大学）
黒田正博（岡山理科大学）
足立浩平（大阪大学）

目　次

第1章　最小二乗法　　*1*
1.1　原理　　*1*
1.1.1　二乗基準で最小化するとは　　*1*
1.1.2　もっともらしい値を求める　　*4*
1.2　統計手法への利用　　*9*
1.2.1　平均値　　*9*
1.2.2　回帰直線　　*10*
1.2.3　直交回帰直線　　*14*
1.3　最小二乗問題の計算と性質　　*17*
1.3.1　最小二乗問題における最小解　　*18*
1.3.2　最小二乗推定量の性質　　*24*
1.3.3　一般化最小二乗法　　*26*
1.4　最小二乗法の計算におけるその他の話題　　*28*
1.4.1　制約条件がある場合：ラグランジュの未定乗数法の利用　　*28*
1.4.2　最小二乗法と最尤法　　*34*

第2章　交互最小二乗法　　*38*
2.1　原理　　*38*
2.1.1　最小二乗基準の最小化の交互反復　　*38*
2.1.2　一般的定式化　　*41*
2.2　交互最小二乗法の代表例　　*43*
2.2.1　多変量カテゴリカルデータの分析　　*43*
2.2.2　非計量主成分分析の骨子　　*45*
2.2.3　最適尺度法　　*48*
2.2.4　非計量主成分分析の適用例　　*49*

2.3	交互最小二乗法にできることとその評価法	53
	2.3.1 最小二乗基準の凸性と大域・局所解	53
	2.3.2 多重スタート法とシミュレーション	55
2.4	統計解析法への応用	58
	2.4.1 k 平均クラスタリング	58
	2.4.2 同時プロクラステス分析	61
	2.4.3 行列因子分析とスパース制約	67

第3章 関連する研究と計算環境 76

3.1	交互最小二乗法における計算の加速化	76
	3.1.1 非計量主成分分析の非計量 ALS 法	78
	3.1.2 非計量 ALS 法の加速の考え方	81
	3.1.3 vector ε アルゴリズム	83
	3.1.4 vector ε アルゴリズムによる非計量 ALS 法の加速	85
	3.1.5 加速性能の評価	86
3.2	非計量主成分分析の計算：R パッケージ homals	91
	3.2.1 R パッケージ homals の主要な関数	93
	3.2.2 homals による実行結果	94

参考文献 104

索　引 108

第1章

最小二乗法

1.1 原理

1.1.1 二乗基準で最小化するとは

　1つの対象を何回か測定することを考えよう．長さでもよいし，重さでもよい．複数の人が同時に測定する場合でも，1台の機械が複数回測定する場合でもよい．このとき，同じ対象を測っているので，得られた測定値は同じであるはずであるが，一般に，すべての測定値が同じ値をとるわけではない．測定における「誤差」の存在である．真の値は存在するが，残念ながら，それはわからない（わかっていれば，そもそも測定の必要はない）．そこで，得られた測定値から，その真の値を「推定」する必要が出てくる．その方法の1つが**最小二乗法**である．

　手元に得られた複数個の測定値を見てみよう．もし，一般的な測定であれば，それらの測定値は，真の値より大きかったり，小さかったりするが，真の値に近い値はたくさんあり，遠く離れた値は稀であると想像される．ということは，観測された値は真の値の周りに分布している，すなわち，真の値に近いところに多く，遠いところに少ないという状況を想定するのが自然である．図1.1のように観測値が分布している場合，白の矢印より黒の矢印のところの方が真の値に近いと考えるのは誰もが納得するところであろう．つまり，そのように，真の値を決めてあげればよいということである．言い換えれば，真の値と各値とのズレが全体的に小さくなる

図 1.1 20 個の観測値の分布

ような値が真の値と考えるのが理にかなっているということである.

真の値として「もっともらしい値」(もっとも確からしい値,最確値) を「ズレを全体的に最小にする」という考え方でさがす具体的な方法が **最小二乗基準**を使うものである.測定理論や誤差論に由来する考えであるが,現代統計学でも要となる手法である.これは,ズレを「誤差」の 2 乗で表し,全体的なズレは,各観測値の誤差の 2 乗をすべて足した値で表すものである.概念的には,「誤差を最小にする」のだが,正確には,「誤差の 2 乗の総和を最小にする」ということになる.すなわち,もっともらしい値であれば,他の値よりも測定値のばらつきが小さいはずという考えのもと,そのような値をさがそうということである.ばらつきを小さくすること,つまり,測定値あるいは誤差の分散を小さくすることが目的であるといってもよい.そして,この考えは,以下,順に示すように,2 次関数の最大・最小問題にもち込めること,計算に微分が使え,サンプルサイズによらず,パラメータの推定が可能となるといった計算上の良さがあることも相まって,理にかなった推定法となっているのである.

具体的に計算してみよう.

貯水槽の水位を 5 回測ったところ,{100 cm, 102 cm, 103 cm, 106 cm, 109 cm} であったとする(微小なゆれによって誤差が出るといった状況を想定した——気温により微妙に変化する金属棒の長さでもよいし,計量カップで測り取る量でもよい).もっともらしい値を X とすると,X との差の 2 乗の総和

$$Q = (100-X)^2 + (102-X)^2 + (103-X)^2 + (106-X)^2 + (109-X)^2 \tag{1.1}$$

を最小にするものをさがせばよい.この Q が X を求めるための基準,すなわち,最小二乗基準である.あえて,X に値を 1 つずつ代入して Q を計算してみると,表 1.1 のようになり,Q が最も小さい 50 のときの $X =$

表 1.1 誤差の 2 乗と総和の計算.

X	(観測値 $-X)^2$					Q
	100	102	103	106	109	
99	1	9	16	49	100	175
100	0	4	9	36	81	130
101	1	1	4	25	64	95
102	4	0	1	16	49	70
103	9	1	0	9	36	55
104	16	4	1	4	25	**50**
105	25	9	4	1	16	55
106	36	16	9	0	9	70
107	49	25	16	1	4	95
108	64	36	25	4	1	130
109	81	49	36	9	0	175
110	100	64	49	16	1	230

104（104 cm）が答えとなる．

計算で求めてみる．式 (1.1) を展開すると，X の 2 次関数として整理され，さらに平方完成の形にもっていけば，

$$\begin{aligned}
Q &= 100^2 + 102^2 + 103^2 + 106^2 + 109^2 \\
&\quad - 2(100 + 102 + 103 + 106 + 109)X + 5X^2 \\
&= 5X^2 - 1040X + 54130 \\
&= 5(X - 104)^2 + 50
\end{aligned}$$

となる．このことより，Q は，$X = 104$ のとき最小値をとり，その値は 50 であることがわかる．

この 104 は，実は，5 つの観測値の平均値である．しかし，最小二乗基準を使った理由は，すべての値を足して個数で割るという，いわゆる「ならし」をしたのではなく，背景に，誤差のばらつき（分散）を考慮し，推定値を求めたわけである．その推定値として，平均値が最もよい最小二乗基準を満たす値になるということである．

1.1.2　もっともらしい値を求める

1.1.1項では，測定場面において，真の値を推定するということを考えたが，もっともらしい値を推定すると考えると，どの値からも，総合的にロスが少なく行きつける値をさがすと考えてもよい．また，対象は1つの「もの」を想定したが，それを抽象化したものは，点でも線でも面でもよい．さらに，測定値は，「長さ」のような1つの値を考えたが，縦と横の長さのように，2つ（あるいはそれ以上）の値の組でもよい．

ここでは，もっともらしい場所や道路を決めるという場面を考えよう．

> **問題場面1**　Aさん，Bさん，Cさん，Dさん，Eさんの家が，図1.2のような位置関係にあるとします．この5人が落ち合うのに最適な場所はどこでしょう．

5人全員の損失（移動距離）を最小にするのが最も公平であろう．たまたま，家の立地がばらついていたと考え，全員の移動距離の2乗の総和を最小にする地点を求める．いずれの家もそれぞれの交差点の角にあるとして，道の幅などを無視すると，図1.3のように数直線で表せる．Aさんの家を基準とすると，各家の数直線上の座標は，順に，0，2，3，6，9となるので，1.1.1項と同様に，求める地点を X とすると，

$$Q = (0-X)^2 + (2-X)^2 + (3-X)^2 + (6-X)^2 + (9-X)^2$$
$$= 0^2 + 2^2 + 3^2 + 6^2 + 9^2 - 2(0+2+3+6+9)X + 5X^2$$
$$= 5X^2 - 40X + 130$$
$$= 5(X-4)^2 + 50$$

となり，Aさんの家から4つ目の交差点で落ち合うのがよいことがわかる．

図 1.2　5軒の家の位置関係

図 1.3 5 軒の家の位置関係（抽象化）

場面を 2 次元に広げてみる．

> **問題場面 1'** Aさん，Bさん，Cさん，Dさん，Eさんの家が，図 1.4 のような位置関係にあるとします．この 5 人が落ち合うのに最適な場所（交差点）はどこでしょう．

座標で表現すると，図 1.5 より，A(0, 1)，B(1, 4)，C(2, 0)，D(3, 3)，E(4, 2)．求める点を (X, Y) とすると，X，Y を独立に推定するとして，

$$\begin{aligned}
Q &= (0-X)^2 + (1-X)^2 + (2-X)^2 + (3-X)^2 + (4-X)^2 \\
&\quad + (1-Y)^2 + (4-Y)^2 + (0-Y)^2 + (3-Y)^2 + (2-Y)^2 \\
&= 5X^2 - 20X + 30 + 5Y^2 - 20Y + 30 \\
&= 5(X-2)^2 + 10 + 5(Y-2)^2 + 10
\end{aligned}$$

となるので，$(X, Y) = (2, 2)$ が落ち合い地点となる．

図 1.4 5 軒の家の位置関係

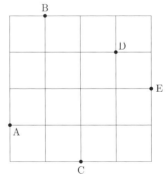

図 1.5 5 軒の家の位置関係（抽象化）

次に,平面上に引く直線を考えてみる.

> **問題場面 2** この街に新しく道路を建設したいと思います.この 5 軒の家全体から考えて,道路までのアクセスが総合的に最もよくなるようにするには,どこに道路を通せばよいでしょう.新しい道路は直線道路として考えてください.

図 1.6 や図 1.7 のような通し方が考えられる.問題場面 1' と同じく座標で考えてみる.新設道路は,この座標上に引かれる直線となるので,$y = ax + b$ とする.「各家から道路までのアクセスが総合的によくなる」ということは,各家から新設道路までの既存の道路上の移動距離を考え,その距離の 2 乗の総和を最も小さくするということであるので,この条件を満たす a と b を求める問題に帰着される.このとき,「既存の道路上の移動距離」を考えるとき,2 通りの解法があることがわかる.つまり,既存の道路は格子状であるので,上を北として,南北道を移動して新設道路に行く場合と,東西道を移動する場合である.ここでは,南北道(y 軸方向)で考えてみる.

家 A$(0, 1)$ から南北道を通って新設道路に行きついたときの座標は,$(0, 0 \times a + b)$,家 B は,$(1, 1 \times a + b)$,同様に,$(2, 2 \times a + b)$,$(3, 3 \times a + b)$,$(4, 4 \times a + b)$ となる.よって,

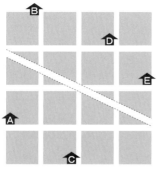
図 1.6 新道路の建設 (1)

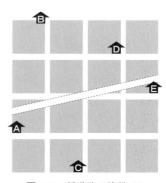
図 1.7 新道路の建設 (2)

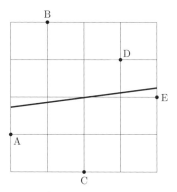

図 1.8 5 軒の家と新設道路の位置関係（抽象化）

$$Q = \{1-(0a+b)\}^2 + \{4-(1a+b)\}^2 + \{0-(2a+b)\}^2$$
$$+ \{3-(3a+b)\}^2 + \{2-(4a+b)\}^2$$
$$= 5b^2 + 20ab - 20b + 30 - 42a + 30a^2$$
$$= 5\{b+2(a-1)\}^2 + 10a^2 - 2a + 10$$

より，$b = -2(a-1)$ のとき，Q は最小になる．このとき，最小値は，$10a^2 - 2a + 10$ であるが，これは，まだ a の関数になっているので，さらに，a について平方完成を行うと，

$$Q = 10\left(a - \frac{1}{10}\right)^2 + \frac{99}{10}$$

となり，$a = 0.1$ のときが最小（$= 9.9$）となることがわかる．これを $b = -2(a-1)$ に代入すると，$b = 1.8$ を得る．すなわち，$y = 0.1x + 1.8$（①）の直線の位置（図 1.8）に，道路を建設すれば，最小二乗基準の意味で，最適な道路となるのである．

（家の配置から，新設道路は図 1.6 の位置の方がよいようにも見えるが，図 1.7 の位置の方が誤差の 2 乗和は小さくなる．図 1.6 の道路は $y = -0.5x + 3$（②）となっているので，誤差の 2 乗和を求めてみると，$Q = \{1-(-0.5 \times 0+3)\}^2 + \{4-(-0.5 \times 1+3)\}^2 + \{0-(-0.5 \times 2+3)\}^2 + \{3-(-0.5 \times 3+3)\}^2 + \{2-(-0.5 \times 4+3)\}^2 = 13.5$ と，図 1.7 の場合

より大きい.)

東西道を基準に考える場合は，上の x と y を入れ替えて計算を行えばよい．さらに，既設道路を無視して，新設道路までの直線距離（家と道路を結ぶ線分が道路と垂直に交わる）を基にして考える方法もある．これは，1.2.3 項で解説する．

2 乗しない場合

2 乗しない場合を考えてみよう．求められた直線は，理想的な位置にあるので，誤差の総和は 0 になっているべきである．実際，上記の①の誤差は，$1 - 1.8 = -0.8$, $4 - 1.9 = 2.1$, $0 - 2 = -2$, $3 - 2.1 = 0.9$, $2 - 2.2 = -0.2$ と，総和が 0 になる．しかし，この「誤差の総和が 0」という基準では直線は 1 つに決められない．誤差の総和が 0 になる直線は無数にあるからである．X, Y それぞれの平均の点 $(2,2)$ を通る直線であれば，Y 軸と平行な直線を除き，すべてこの基準を満たす（上記の②もそうである）．

では，距離としての総和を考えるとどうなるかを考えてみる．これは，距離の総和を最小にすること，すなわち，誤差の絶対値の総和を最小にするという基準を用いることで，**最小絶対値法**とよばれる（詳細は，末吉 (1997) などを参照）．この方法でも問題場面 2 の道路にあたる直線は決定できる．それは，$Q' = |1 - (0a + b)| + |4 - (1a + b)| + |0 - (2a + b)| + |3 - (3a + b)| + |2 - (4a + b)|$ を最小にする (a, b) を求めるもので，その直線の式は $y = 0.25x + 1$, 距離の総和は $Q' = 5.5$ となる．この程度のサンプルサイズなら，手で解くことも可能であるが，基本的に線形計画法の問題になり，Excel のソルバーや統計解析環境 R なら optim() 関数を用いて解を見つけることになる．

この最小絶対値法がもっともらしい直線を求める基準として用いられることがあまりないのは，まず，先に示した「誤差の総和は 0」を条件とするなら，これが必ずしも満たされないからである（上記の $y = 0.25x + 1$ では，誤差の総和は 2.5 である）．次に，Q' は一意に定まっても直線が 1 つに定められない場合があることである．例えば，4 つの点 $(1,1)$, $(1,2)$, $(2,2)$, $(2,3)$ の場合，$Q' = 2$ であるが，$y = x$ でも $y = x + 1$ でも $y = 2x - 1$ でも $y = 2$ でもよい．つまり，$(1,1)$ と $(1,2)$ の間と $(2,2)$ と $(2,3)$ の間を通る直線であれば，何でもよい．一方，最小二乗法で解けば，$y = x + 0.5$ と 1 つに定めることができる．さらに，サンプルサイズが大きくなってくると，どうしてもソルバーや optim() 関数に頼ることになる．最小二乗法であれば，2 次関数の最大・最小問題にもち込める上，(1.3 節や 1.4 節で述べるように）その計算に微分が使えるので，パラメータ数に対してどれだけサンプル（から作られる関係式）が増えても解法可能な方程式を得ることができる．こういったことが背景にあって，（昔は計算環境が整っていないこともあり）「絶対値は扱いにくい」や「2 乗した方が数学的な性質を使える」が 2 乗値を使う理由にあげられてきたのである（もちろん，最小二乗法も万能ではない．外れ値の影響を敏感に受けることもその 1 つである．外れ値に対しては，最小絶対値法の方が頑健である）．

1.2 統計手法への利用

前節で見てきたように，**最小二乗法**（**最小自乗法**とも書く）は，想定される関数を，いくつかの観測値を用いて近似するとき，対応する関数値と観測値の差の2乗の総和を最小にすることにより，もっとも確からしい関数を求める方法である．この方法は統計手法の多くに利用されている．その中から典型的な例をあげる．以後，最小二乗基準 Q は，その関数を特定するパラメータを用いて，$f(\cdot)$（$\cdot$ はパラメータ）と表すことにする．

1.2.1 平均値

n 個の観測値 $x_i \ (i = 1, \ldots, n)$ がある．この観測値が1つの対象を n 回観測した値であるとしたとき，真の値に最も近い値を推定したい，あるいは，n 個の観測値から，もっともらしい値を求めたい場合を考える．求める値を a として，最小二乗基準で推定する．すなわち，

$$f(a) = \sum_{i=1}^{n} (x_i - a)^2$$

を最小にする a を求めればよい．平方完成へと変形すると，

$$\begin{aligned}
f(a) &= \sum_{i=1}^{n} (x_i^2 - 2ax_i + a^2) \\
&= \sum_{i=1}^{n} x_i^2 - 2a \sum_{i=1}^{n} x_i + \sum_{i=1}^{n} a^2 \\
&= \sum_{i=1}^{n} x_i^2 - 2a \sum_{i=1}^{n} x_i + na^2 \\
&= n \left(a - \frac{1}{n} \sum_{i=1}^{n} x_i \right)^2 - \frac{1}{n} \left(\sum_{i=1}^{n} x_i \right)^2 + \sum_{i=1}^{n} x_i^2
\end{aligned}$$

となるので，$f(a)$ が最小となるのは，$a = \dfrac{1}{n} \sum_{i=1}^{n} x_i$ のとき，すなわち，x_i の平均値 $\bar{x}$ が求める値となる．

1.2.2 回帰直線

n 個の観測値の組 (x_i, y_i) $(i = 1, \ldots, n)$ がある．この n 組の観測値が 1 つの線形モデルから得られたとして，（真の直線上に乗っているべき点が測定による誤差で直線の周りにずれたと考え）その真の直線を求めたい場合，あるいは，これら n 個の点を表すのにもっともらしい直線を求める場合を考える．

求める直線を $y = \beta_0 + \beta_1 x$ とする．1.1.2 項では，その直線を $y = ax + b$ で表したが，以下では，切片 b を β_0，x の係数 a を β_1 と，β を用いてパラメータを表すことにする．これは，推定すべきパラメータを個別の a や b ではなく β の文字 1 つで統一的に扱うためと，説明変数がいくつに増えても表現に支障をきたさないようにするためである．

もっともらしい直線を求めるために，最小二乗基準 $f(\beta_0, \beta_1)$ の最小化を考える．最小化する誤差は，ズレの方向によって 3 通り考えられるが，まず，軸の方向にズレがある 2 通りの場合を考えよう．

(1) y 軸方向に誤差がある場合

真の直線上に乗っているべき点が測定による誤差で y 軸方向にずれたと考える場合である．図 1.9 がその概念図である．ここでは，8 つの点が

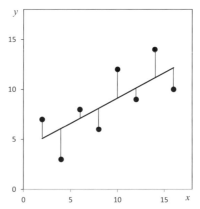

図 1.9 y 軸方向のズレを最小にする直線（y の x への回帰：点が観測点，実線の直線が求めたい直線，その直線と各点を結ぶ y 軸に平行な線分がズレを表す）

観測値，その間を通る実線の直線が求めたい直線，その直線と各点との間に引かれた y 軸に平行な線分がズレを表している．

このズレの 2 乗和，すなわち，最小二乗基準は，

$$
\begin{aligned}
f(\beta_0, \beta_1) &= \sum_{i=1}^{n} \{y_i - (\beta_0 + \beta_1 x_i)\}^2 \\
&= \sum_{i=1}^{n} \{\beta_0 + (\beta_1 x_i - y_i)\}^2 \\
&= \sum_{i=1}^{n} \{\beta_0^2 + 2(\beta_1 x_i - y_i)\beta_0 + (\beta_1 x_i - y_i)^2\} \\
&= n\beta_0^2 + 2\beta_0 \sum_{i=1}^{n}(\beta_1 x_i - y_i) + \sum_{i=1}^{n}(\beta_1 x_i - y_i)^2 \\
&= n\left\{\beta_0 + \frac{1}{n}\sum_{i=1}^{n}(\beta_1 x_i - y_i)\right\}^2 \\
&\quad - \frac{1}{n}\left\{\sum_{i=1}^{n}(\beta_1 x_i - y_i)\right\}^2 + \sum_{i=1}^{n}(\beta_1 x_i - y_i)^2
\end{aligned}
$$

となる．

この関数を最小にする (β_0, β_1) の推定値を $(\hat{\beta}_0, \hat{\beta}_1)$ と表すことにすると，まず，最後の式の第 1 項が 0 になるとき，すなわち，$\hat{\beta}_0 = -\frac{1}{n}\sum_{i=1}^{n}(\hat{\beta}_1 x_i - y_i)$ のとき，この関数が最小になることがわかる．ここで，$-\frac{1}{n}\sum_{i=1}^{n}(\hat{\beta}_1 x_i - y_i) = -\frac{1}{n}\hat{\beta}_1 \sum_{i=1}^{n} x_i + \frac{1}{n}\sum_{i=1}^{n} y_i$ であるので，$\frac{1}{n}\sum_{i=1}^{n} x_i$ は x_i の平均 $\bar{x}$，$\frac{1}{n}\sum_{i=1}^{n} y_i$ は y_i の平均 $\bar{y}$ であるから，この $\hat{\beta}_0$ は，$\hat{\beta}_0 = -\hat{\beta}_1 \bar{x} + \bar{y}$ と書ける．次に，これを $f(\beta_0, \beta_1)$ の最初の式に代入し，β_1 の関数として，再び平方完成の形にもっていくと，

$$f(\beta_0, \beta_1) = \sum_{i=1}^{n} \{y_i - (-\beta_1 \bar{x} + \bar{y} + \beta_1 x_i)\}^2$$

$$= \sum_{i=1}^{n} \{(y_i - \bar{y}) - \beta_1 (x_i - \bar{x})\}^2$$

$$= \beta_1^2 \sum_{i=1}^{n} (x_i - \bar{x})^2 - 2\beta_1 \sum_{i=1}^{n} (x_i - \bar{x})(y_i - \bar{y}) + \sum_{i=1}^{n} (y_i - \bar{y})^2$$

$$= \sum_{i=1}^{n} (x_i - \bar{x})^2 \left(\beta_1 - \frac{\sum_{i=1}^{n}(x_i - \bar{x})(y_i - \bar{y})}{\sum_{i=1}^{n}(x_i - \bar{x})^2} \right)^2$$

$$- \frac{\left\{\sum_{i=1}^{n}(x_i - \bar{x})(y_i - \bar{y})\right\}^2}{\sum_{i=1}^{n}(x_i - \bar{x})^2} + \sum_{i=1}^{n}(y_i - \bar{y})^2$$

となる．したがって，$\hat{\beta}_1 = \dfrac{\sum_{i=1}^{n}(x_i - \bar{x})(y_i - \bar{y})}{\sum_{i=1}^{n}(x_i - \bar{x})^2}$ のとき，$f(\beta_0, \beta_1)$ が最小になる．

以上より，求める直線のパラメータは，

$$\begin{cases} \hat{\beta}_0 = -\hat{\beta}_1 \bar{x} + \bar{y} \\ \hat{\beta}_1 = \dfrac{\sum_{i=1}^{n}(x_i - \bar{x})(y_i - \bar{y})}{\sum_{i=1}^{n}(x_i - \bar{x})^2} \end{cases} \tag{1.2}$$

となる．なお，$\hat{\beta}_1$ の分母，分子をよく見てみると，分母は x_i の偏差平方和，分子は x_i と y_i の偏差の積和である．したがって，x_i の分散を s_x^2，x_i と y_i の共分散を s_{xy} とすると，$\hat{\beta}_1 = \dfrac{s_{xy}}{s_x^2}$ と書けるので，パラメータ (1.2) は，

$$\begin{cases} \hat{\beta}_0 = -\hat{\beta}_1 \bar{x} + \bar{y} \\ \hat{\beta}_1 = \dfrac{s_{xy}}{s_x^2} \end{cases} \quad (1.3)$$

と書け，直線の式は，

$$y = \bar{y} + \frac{s_{xy}}{s_x^2}(x - \bar{x})$$

と表せる．これが，**y の x への回帰直線**とよばれるもので，通常，説明変数 x，目的変数 y による回帰分析とは，この直線を求めている．

なお，誤差とは，真の値と観測値の差のことであるが，ここで推定したもっともらしい値と観測値との差は，その意味では正確には誤差ではない．そこで，この推定値と観測値との差のことを**残差**とよんで区別をする．すなわち，観測値 x_i に対応する観測値 y_i と回帰直線上の推定値 $\hat{\beta}_0 + \hat{\beta}_1 x_i$ の差 $y_i - (\hat{\beta}_0 + \hat{\beta}_1 x_i)$ が残差である．

(2) x 軸方向に誤差がある場合

x に誤差がある場合は，図 1.10 のように，x 軸方向にズレを想定する（図 1.10 の観測値は図 1.9 と同じ）．この場合，**(1)** の x と y を入れ替えればよく，

$$x = \bar{x} + \frac{s_{xy}}{s_y^2}(y - \bar{y})$$

が求める直線の式となる．s_y^2 は y_i の分散である．これを $y = \beta_0 + \beta_1 x$ の形に直すため，y について解き，

$$\begin{cases} \hat{\beta}_0 = -\hat{\beta}_1 \bar{x} + \bar{y} \\ \hat{\beta}_1 = \dfrac{s_y^2}{s_{xy}} \end{cases}$$

を得る．直線の式は，

$$y = \bar{y} + \frac{s_y^2}{s_{xy}}(x - \bar{x})$$

となる．これが，**x の y への回帰直線**である．

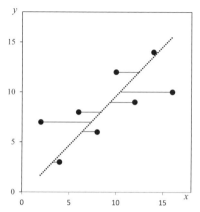

図 1.10 x 軸方向のズレを最小にする直線（x の y への回帰：点が図 1.9 と同じ観測点，点線の直線が求めたい直線，その直線と各点を結ぶ x 軸に平行な線分がズレを表す）

1.2.3 直交回帰直線

次に，x，y の両方に誤差がある場合を考える．この場合，図 1.11 のように，各観測点から求める直線までの距離，すなわち各点から直線へおろした垂線の長さが誤差と考えられる．この平方和が最小になるような直線を求めればよい．

求める直線を $y = \beta_0 + \beta_1 x$ とすれば，点 (x_i, y_i) からこの直線におろした垂線の長さ d_i は，

$$d_i = \frac{|\beta_1 x_i - y_i + \beta_0|}{\sqrt{\beta_1^2 + 1^2}}$$

となる．したがって，最小二乗基準は，

$$f(\beta_0, \beta_1) = \sum_{i=1}^{n} d_i^2 = \sum_{i=1}^{n} \frac{(\beta_1 x_i - y_i + \beta_0)^2}{\beta_1^2 + 1} \tag{1.4}$$

となる．

この式 (1.4) を展開すると，

1.2 統計手法への利用

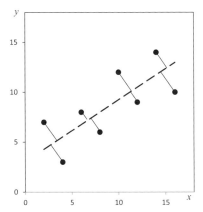

図 1.11 直線までの距離を最小にする直線（直交回帰直線：点が図 1.9 と同じ観測点，破線の直線が求めたい直線，その直線に各点からおろした垂線がズレを表す）

$$f(\beta_0, \beta_1) = \frac{n}{\beta_1^2+1}\left[\{\beta_0+(\beta_1\bar{x}-\bar{y})\}^2 - (\beta_1\bar{x}-\bar{y})^2 + \frac{\sum_{i=1}^n(\beta_1 x_i - y_i)^2}{n}\right]$$

となる．これより，β_0 に関しては，$\hat{\beta}_0 = -(\hat{\beta}_1\bar{x}-\bar{y})$ のとき，最小になる．[ ] 内の残りの $-(\beta_1\bar{x}-\bar{y})^2 + \dfrac{\sum_{i=1}^n(\beta_1 x_i - y_i)^2}{n}$ を整理すると，$\beta_1^2 s_x^2 - 2\beta_1 s_{xy} + s_y^2$ となるので，これは，分数関数

$$\frac{n(\beta_1^2 s_x^2 - 2\beta_1 s_{xy} + s_y^2)}{\beta_1^2+1}$$

の最小化問題となる．これを解くことによって，

$$\begin{cases} \hat{\beta}_0 &= -\hat{\beta}_1\bar{x}+\bar{y} \\ \hat{\beta}_1 &= \dfrac{-(s_x^2-s_y^2)+\sqrt{(s_x^2-s_y^2)^2+4s_{xy}^2}}{2s_{xy}} \end{cases} \quad (1.5)$$

が得られる．このようにして得られた直線が **直交回帰直線** とよばれるものである．

さて，上記で推定された3つの直線を同時に1つの座標上にプロット

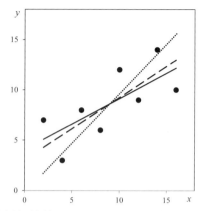

図 1.12 3つの回帰直線（実線：y の x への回帰，点線：x の y への回帰，破線：直交回帰）

してみよう．図 1.12 がそれである．

どの直線もデータの重心 $(\bar{x}, \bar{y})$ を通り，y の x による回帰直線（実線）が3本の中で最も寝た傾きとなり，x の y による回帰直線（点線）が最も立った傾きとなる．直交回帰直線（破線）は両者の間となる．

直交回帰と主成分分析

ところで，この直交回帰は，主成分分析と同じことを行っている．

主成分分析とは，複数の説明変数から，もとの情報を最もよく表す総合指標をその説明変数の線形結合で表し，データの様相を考察しようというもので，その総合指標を主成分とよぶ．説明変数が x と y の2変数の場合，総合指標 z は，

$$z = a_1 x + a_2 y \tag{1.6}$$

と表され，係数 a_1 と a_2 を情報の損失が最も少なくなるように求める．これは，x-y 平面上に，新たな軸 z を設けて，その座標上で，各点を解釈することを意味する．このとき，情報の損失を最も少なくするとは，各点から z 軸上におろした垂線の足（図 1.13 の ○）が z 軸上で最も大きな分散をもつようにすることであり，線形結合 z がもとの分散を最大限に再現するように a_1 と a_2 を求めようということである．これは結局のところ，垂線の長さの2乗和を最小にするということであり，まさに，1.2.3 項の直交回帰直線を求めるための最小二乗基準の最小化と同じになる．この z 軸を x-y 平面上の直線の式として表すと，方向比が $a_1 : a_2$ なので，傾きが $\dfrac{a_2}{a_1}$ となることから，

$$a_2 x - a_1 y + c = 0$$

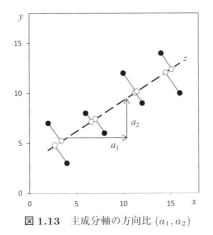
図 1.13 主成分軸の方向比 (a_1, a_2)

となる.すなわち,$\dfrac{a_2}{a_1}$ は,直交回帰直線の係数 (式 (1.5) の $\hat{\beta}_1$) にあたる.本項で求めた直交回帰直線は,$a_1 = 1$ であるから,結局,$a_2 = \hat{\beta}_1$ となり,定数 c は $\hat{\beta}_0$ となる.

なお,式 (1.6) の $z = a_1 x + a_2 y$ の形式で表す場合,方向比である (a_1, a_2) は一意には定まらない.したがって,主成分分析のときは,通常,$a_1^2 + a_2^2 = 1$ の条件を設け,これを満たす a_1, a_2 を求める解とする(参考:1.4.1 項).

1.3 最小二乗問題の計算と性質

前節までは,最小二乗法の原理を理解することに重きをおき,説明変数を 1 つのみとし,計算も平方完成を中心とした簡単な計算に限ってきた.しかし,説明変数が 2 つ以上になってくると,これまでのような計算方法では解を得ることは困難で,微分の考えを利用することが普通となる.より多くの変数に対しては,行列の形で扱うのがよい.

そこで,本節では,実際的な最小二乗基準の活用のために,最小二乗問題の計算方法や性質についてまとめる.また,一般化された最小二乗問題も扱うことにする.

なお,表記法として,本節では,変数とその実現値である観測値を区別し,前者を大文字($\mathbf{X}$ など),後者を小文字($\mathbf{x}$ など)で表す.

1.3.1 最小二乗問題における最小解

連立方程式

$$\mathbf{y} = \mathbf{x}\boldsymbol{\beta} \tag{1.7}$$

を考える．ここで，

$$\mathbf{y} = \begin{bmatrix} y_1 \\ y_2 \\ \vdots \\ y_n \end{bmatrix}, \quad \mathbf{x} = \begin{bmatrix} x_{11} & x_{12} & \ldots & x_{1p} \\ x_{21} & x_{22} & \ldots & x_{2p} \\ \vdots & \vdots & \ddots & \vdots \\ x_{n1} & x_{n2} & \ldots & x_{np} \end{bmatrix}, \quad \boldsymbol{\beta} = \begin{bmatrix} \beta_1 \\ \beta_2 \\ \vdots \\ \beta_p \end{bmatrix}$$

である．

$n = p$ で階数 $\text{rank}(\mathbf{x}) = p$ であれば，逆行列 $\mathbf{x}^{-1}$ が存在し，方程式 (1.7) の解は，

$$\hat{\boldsymbol{\beta}} = \mathbf{x}^{-1}\mathbf{y}$$

により求めることができる．

次に，方程式の数（n）が未知数の数（p）に関し，$n > p$ の場合を考える．このとき，一般に方程式 (1.7) の解は存在しない．そこで，連立方程式 (1.7) を

$$\mathbf{y} \approx \mathbf{x}\boldsymbol{\beta}$$

として，近似解 $\hat{\boldsymbol{\beta}}$ を求める問題を考える．最小二乗基準で考えると，この問題は，

$$f(\boldsymbol{\beta}) = \|\mathbf{y} - \mathbf{x}\boldsymbol{\beta}\|^2 \tag{1.8}$$

を最小化する $\hat{\boldsymbol{\beta}}$ を見つける問題に帰着する．関数 (1.8) の最小化を**最小二乗問題**といい，その解 $\hat{\boldsymbol{\beta}}$ を求める方法を**最小二乗法**という．最小二乗問題の解 $\hat{\boldsymbol{\beta}}$ は，

1.3 最小二乗問題の計算と性質

$$\nabla f(\boldsymbol{\beta}) = \frac{\partial f(\boldsymbol{\beta})}{\partial \boldsymbol{\beta}} = \begin{bmatrix} \dfrac{\partial f(\boldsymbol{\beta})}{\partial \beta_1} \\ \dfrac{\partial f(\boldsymbol{\beta})}{\partial \beta_2} \\ \vdots \\ \dfrac{\partial f(\boldsymbol{\beta})}{\partial \beta_p} \end{bmatrix} = \begin{bmatrix} 0 \\ 0 \\ \vdots \\ 0 \end{bmatrix} = \mathbf{0}$$

から得られる連立方程式を $\boldsymbol{\beta}$ について解くことで求めることができる.これは,目的関数 $f(\boldsymbol{\beta})$ を $\beta_1, \ldots, \beta_p$ の1つ1つで微分(偏微分)して,それぞれを0とおくことによって得られた p 個の方程式を連立させたものである.ここで,

$$\begin{aligned} f(\boldsymbol{\beta}) &= (\mathbf{y} - \mathbf{x}\boldsymbol{\beta})^\top (\mathbf{y} - \mathbf{x}\boldsymbol{\beta}) \\ &= \mathbf{y}^\top \mathbf{y} - 2\boldsymbol{\beta}^\top \mathbf{x}^\top \mathbf{y} + \boldsymbol{\beta}^\top \mathbf{x}^\top \mathbf{x}\boldsymbol{\beta} \end{aligned}$$

より,

$$\nabla f(\boldsymbol{\beta}) = -2\mathbf{x}^\top \mathbf{y} + 2\mathbf{x}^\top \mathbf{x}\boldsymbol{\beta} = \mathbf{0}$$

となり,

$$\mathbf{x}^\top \mathbf{x}\boldsymbol{\beta} = \mathbf{x}^\top \mathbf{y} \tag{1.9}$$

を得る.この連立方程式を**正規方程式**(normal equation)という.このとき,$\mathbf{x}^\top \mathbf{x}$ が正則であれば,式 (1.9) の解 $\hat{\boldsymbol{\beta}}$ は,

$$\hat{\boldsymbol{\beta}} = (\mathbf{x}^\top \mathbf{x})^{-1} \mathbf{x}^\top \mathbf{y} \tag{1.10}$$

で与えられる.これを**最小二乗解**という.

正規方程式 (1.9) から得られる最小二乗解 $\hat{\boldsymbol{\beta}}$ と任意の $\boldsymbol{\beta}$ に対し,

$$f(\hat{\boldsymbol{\beta}}) \leq f(\boldsymbol{\beta})$$

であることを確認する.$\boldsymbol{\beta} = \hat{\boldsymbol{\beta}} + \mathbf{u}$ とする.ここで,$\mathbf{u}$ は $p \times 1$ のベクトルである.

$$f(\boldsymbol{\beta}) = \|\mathbf{y} - \mathbf{x}\boldsymbol{\beta}\|^2$$
$$= \|\mathbf{y} - \mathbf{x}(\hat{\boldsymbol{\beta}} + \mathbf{u})\|^2$$
$$= \|\mathbf{y} - \mathbf{x}\hat{\boldsymbol{\beta}}\|^2 - 2\mathbf{u}^\top(\mathbf{x}^\top\mathbf{y} - \mathbf{x}^\top\mathbf{x}\hat{\boldsymbol{\beta}}) + \|\mathbf{x}\mathbf{u}\|^2$$

より,

$$\mathbf{u}^\top(\mathbf{x}^\top\mathbf{y} - \mathbf{x}^\top\mathbf{x}\hat{\boldsymbol{\beta}}) \leq 0$$

であれば,

$$\|\mathbf{y} - \mathbf{x}\hat{\boldsymbol{\beta}}\|^2 \leq f(\boldsymbol{\beta}) \tag{1.11}$$

となる. このとき, $\hat{\boldsymbol{\beta}}$ が正規方程式 (1.9) の解 (1.10) であるので,

$$\mathbf{x}^\top\mathbf{y} - \mathbf{x}^\top\mathbf{x}\hat{\boldsymbol{\beta}} = 0$$

となり, 不等式 (1.11) が成り立つ.

次に, 関数 (1.8) の無制約最小化問題を考える. 無制約最小化問題では, 与えられた p 変数の実数値関数 $f(\boldsymbol{\beta})$ を最小にする最適解 $\hat{\boldsymbol{\beta}}$ を求める. この最小化問題における最適解の定義と最適性条件は, 次で与えられる (矢部, 2006).

定義1 (最小解)

$\hat{\boldsymbol{\beta}} \in \mathbb{R}^p$ が無制約最小化問題の大域的最小解であるとは, 任意の点 $\boldsymbol{\beta} \in \mathbb{R}^p$ に対して $f(\hat{\boldsymbol{\beta}}) \leq f(\boldsymbol{\beta})$ が, そして, $\hat{\boldsymbol{\beta}}$ が局所的最小解であるとは, $\hat{\boldsymbol{\beta}}$ の ε-近傍 $\mathcal{N}(\hat{\boldsymbol{\beta}}, \varepsilon) = \{\boldsymbol{\beta} \in \mathbb{R}^p \mid \|\boldsymbol{\beta} - \hat{\boldsymbol{\beta}}\| < \varepsilon\}$ が存在して, 任意の点 $\boldsymbol{\beta} \in \mathcal{N}(\hat{\boldsymbol{\beta}}, \varepsilon)$ に対して $f(\hat{\boldsymbol{\beta}}) \leq f(\boldsymbol{\beta})$ が成り立つことである.

定理1 (最適性条件)

(1) $\hat{\boldsymbol{\beta}}$ が無制約最小化問題の局所的最小解で, $f : \mathbb{R}^p \to \mathbb{R}$ が $\hat{\boldsymbol{\beta}}$ の近傍で連続的微分可能であるならば,

$$\nabla f(\hat{\boldsymbol{\beta}}) = \mathbf{0}$$

が成り立つ（1次の必要条件）．さらに，f が $\hat{\boldsymbol{\beta}}$ の近傍で2回連続的微分可能ならば，$\nabla^2 f(\hat{\boldsymbol{\beta}})$ は半正定値行列になる（2次の必要条件）．

(2) $f : \mathbb{R}^p \to \mathbb{R}$ が $\hat{\boldsymbol{\beta}}$ の近傍で2回連続的微分可能であるとき，$\boldsymbol{\beta}$ が $\nabla f(\hat{\boldsymbol{\beta}}) = \boldsymbol{0}$ を満たし，かつ，$\nabla^2 f(\hat{\boldsymbol{\beta}})$ が正定値行列ならば，$\hat{\boldsymbol{\beta}}$ は局所的最小解になる（2次の十分条件）．

定理1 (1) より，$\nabla f(\hat{\boldsymbol{\beta}}) = \boldsymbol{0}$ は局所的最小解であるための必要条件であることがわかる．また，定理1 (2) は局所的最小解であるための十分条件になっている．$\nabla^2 f(\boldsymbol{\beta})$ を計算すると，

$$\nabla^2 f(\boldsymbol{\beta}) = \frac{\partial^2 f(\boldsymbol{\beta})}{\partial \boldsymbol{\beta} \partial \boldsymbol{\beta}^\top} = \begin{bmatrix} \dfrac{\partial^2 f(\boldsymbol{\beta})}{\partial \beta_1^2} & \dfrac{\partial^2 f(\boldsymbol{\beta})}{\partial \beta_1 \partial \beta_2} & \cdots & \dfrac{\partial^2 f(\boldsymbol{\beta})}{\partial \beta_1 \partial \beta_p} \\ \dfrac{\partial^2 f(\boldsymbol{\beta})}{\partial \beta_2 \partial \beta_1} & \dfrac{\partial^2 f(\boldsymbol{\beta})}{\partial \beta_2^2} & \cdots & \dfrac{\partial^2 f(\boldsymbol{\beta})}{\partial \beta_2 \partial \beta_p} \\ \vdots & \vdots & \ddots & \vdots \\ \dfrac{\partial^2 f(\boldsymbol{\beta})}{\partial \beta_p \partial \beta_1} & \dfrac{\partial^2 f(\boldsymbol{\beta})}{\partial \beta_p \partial \beta_2} & \cdots & \dfrac{\partial^2 f(\boldsymbol{\beta})}{\partial \beta_p^2} \end{bmatrix}$$

$$= 2\mathbf{x}^\top \mathbf{x}$$

であり，$\nabla^2 f(\boldsymbol{\beta})$ は半正定値行列である．これより，$\nabla^2 f(\hat{\boldsymbol{\beta}})$ は半正定値行列であり，最適性条件の必要条件を満足している．さらに，$\mathrm{rank}(\mathbf{x}) = p$ のとき，$\mathbf{x}^\top \mathbf{x}$ は正定値行列であり，最適性条件の十分条件も満足する．このとき，$f(\boldsymbol{\beta})$ は凸関数になり，最小二乗解 (1.10) は大域的最小解になっている．

$\mathbf{x}^\top \mathbf{x}$ の正定値性と $f(\boldsymbol{\beta})$ の凸性

$\mathbf{x}^\top \mathbf{x}$ が半正定値行列であることを示す．

$\mathbf{x}$ を $n \times p$ 行列とする．任意の $p \times 1$ ベクトル $\mathbf{u}$ を用いて，$\mathbf{x}^\top \mathbf{x}$ の2次形式 $\mathbf{u}^\top \mathbf{x}^\top \mathbf{x} \mathbf{u}$ を考える．このとき，

$$\mathbf{u}^\top \mathbf{x}^\top \mathbf{x} \mathbf{u} = (\mathbf{x}\mathbf{u})^\top \mathbf{x}\mathbf{u} = \|\mathbf{x}\mathbf{u}\|^2 \geq 0 \tag{1.12}$$

より，$\mathbf{x}^\top \mathbf{x}$ は半正定値行列である．また，

$$\mathbf{xu} = [\mathbf{x}_1, \ \mathbf{x}_2, \ \ldots, \ \mathbf{x}_p] \begin{bmatrix} u_1 \\ u_2 \\ \vdots \\ u_p \end{bmatrix} = u_1 \mathbf{x}_1 + u_2 \mathbf{x}_2 + \cdots + u_p \mathbf{x}_p$$

と書くと,式 (1.12) より,

$$\|\mathbf{xu}\|^2 = \|u_1\mathbf{x}_1 + u_2\mathbf{x}_2 + \cdots + u_p\mathbf{x}_p\|^2 \geq 0$$

となる.ここで,等号が成り立つのは,

$$u_1\mathbf{x}_1 + u_2\mathbf{x}_2 + \cdots + u_p\mathbf{x}_p = \mathbf{0}$$

であり,$\mathbf{x}_1, \mathbf{x}_2, \ldots, \mathbf{x}_p$ が線形従属($\mathrm{rank}(\mathbf{x}) < p$)のときである.したがって,$\mathbf{x}_1, \mathbf{x}_2, \ldots, \mathbf{x}_p$ が 1 次独立($\mathrm{rank}(\mathbf{x}) = p$)であれば,$\|\mathbf{xu}\|^2 > 0$ となり,$\mathbf{x}^\top \mathbf{x}$ は正定値行列になる.

次に,関数 (1.8) の凸性について調べる.

$\nabla^2 f(\boldsymbol{\beta}) = 2\mathbf{x}^\top \mathbf{x}$ が半正定値なので,関数 (1.8) は凸関数であることがわかる.ここでは,任意の $\boldsymbol{\beta}_1, \boldsymbol{\beta}_2 \in \mathbb{R}^p$,$0 \leq t \leq 1$ に対し,次の通り,不等式

$$tf(\boldsymbol{\beta}_1) + (1-t)f(\boldsymbol{\beta}_2) \geq f(t\boldsymbol{\beta}_1 + (1-t)\boldsymbol{\beta}_2)$$

が成立することで,関数 (1.8) の凸性を示す.

$$\begin{aligned}
& tf(\boldsymbol{\beta}_1) + (1-t)f(\boldsymbol{\beta}_2) - f(t\boldsymbol{\beta}_1 + (1-t)\boldsymbol{\beta}_2) \\
&= t\|\mathbf{y} - \mathbf{x}\boldsymbol{\beta}_1\|^2 + (1-t)\|\mathbf{y} - \mathbf{x}\boldsymbol{\beta}_2\|^2 - \|\mathbf{y} - \mathbf{x}(t\boldsymbol{\beta}_1 + (1-t)\boldsymbol{\beta}_2)\|^2 \\
&= t\boldsymbol{\beta}_1^\top \mathbf{x}^\top \mathbf{x}\boldsymbol{\beta}_1 + (1-t)\boldsymbol{\beta}_2^\top \mathbf{x}^\top \mathbf{x}\boldsymbol{\beta}_2 - t^2 \boldsymbol{\beta}_1^\top \mathbf{x}^\top \mathbf{x}\boldsymbol{\beta}_1 - (1-t)^2 \boldsymbol{\beta}_2^\top \mathbf{x}^\top \mathbf{x}\boldsymbol{\beta}_2 \\
&\quad - 2t(1-t)\boldsymbol{\beta}_1^\top \mathbf{x}^\top \mathbf{x}\boldsymbol{\beta}_2 \\
&= t(1-t)(\boldsymbol{\beta}_1 - \boldsymbol{\beta}_2)^\top \mathbf{x}^\top \mathbf{x}(\boldsymbol{\beta}_1 - \boldsymbol{\beta}_2) \\
&= t(1-t)\|\mathbf{x}(\boldsymbol{\beta}_1 - \boldsymbol{\beta}_2)\|^2 \geq 0
\end{aligned}$$

● **具体例**

では,この方法で,p.6 の問題場面 2 の例を解いてみよう.$Q = f(a,b) = 5b^2 + 20ab - 20b + 30 - 42a + 30a^2$ であるから,

$$\begin{cases} \dfrac{\partial f(a,b)}{\partial a} = 0 \\ \dfrac{\partial f(a,b)}{\partial b} = 0 \end{cases}$$

より,

1.3 最小二乗問題の計算と性質

$$\begin{cases} 20b - 42 + 60a = 0 \\ 10b + 20a - 20 = 0 \end{cases}$$

を得る．この連立方程式を解けば，$(a, b) = (0.1, 1.8)$ を得る．

1.2.2 項の (1) の場合の一般形 $f(\beta_0, \beta_1) = \sum_{i=1}^{n}\{y_i - (\beta_0 + \beta_1 x_i)\}^2$ から正規方程式を求めると，

$$\begin{cases} \dfrac{\partial f(\beta_0, \beta_1)}{\partial \beta_0} = 0 \\ \dfrac{\partial f(\beta_0, \beta_1)}{\partial \beta_1} = 0 \end{cases}$$

より，

$$\begin{cases} n\beta_0 + \sum_{i=1}^{n} x_i \beta_1 = \sum_{i=1}^{n} y_i \\ \sum_{i=1}^{n} x_i \beta_0 + \sum_{i=1}^{n} x_i^2 \beta_1 = \sum_{i=1}^{n} x_i y_i \end{cases}$$

となる．

最小二乗法の小史と効用

　最小二乗法が世に出てくるのは，19 世紀の初頭，ルジャンドルにより発表され，ガウスにより詳しい説明がなされていく．最初に発見したのはどちらかという論争もあったようであるが，ガウスは，その原理を測地学，天文学などに応用し，2 乗する必要性をガウス分布（正規分布）で説明するなど，その理論の発展は，ガウスによるところが大きい．20 世紀に入ると，統計学に利用されるようになり，計算も線形代数の活用などで，さらに広がりを見せることになる．歴史的な発展の経緯は他書に譲るとして（例えば，安藤，1995; 田島・小牧，1986, pp.1-2）．何よりもその成果は，測定により一意に定まらないパラメータの値を「誤差」に着目して，推定できるようにしたことである．p.6 の問題場面 2 の例でいえば，$y = ax + b$ の直線の式を求めるのに，a, b 2 つのパラメータ（未知数）に対して，

$$\begin{cases} 1 = 0a + b \\ 4 = 1a + b \\ 0 = 2a + b \\ 3 = 3a + b \\ 2 = 4a + b \end{cases}$$

と，5つの関係式ができる．未知数よりも多い関係式をもつ連立方程式から解を得ることはできない．そこで，測定による誤差が原因なら，その原因の影響を最も小さくするように a, b を決めてやろうとしたのが，最小二乗法である．その結果，上の具体例で見たように，

$$\begin{cases} 20b - 42 + 60a = 0 \\ 10b + 20a - 20 = 0 \end{cases}$$

と，2つの連立方程式になるので，2つの未知数の値を求めることができるようになった．このように，誤差を考慮することによって，必ず解が得られる形にもってこれるところが，この原理のもつ大きな効用である．

1.3.2 最小二乗推定量の性質

線形モデル

$$\mathbf{Y} = \mathbf{X}\boldsymbol{\beta} + \boldsymbol{\varepsilon}$$

における $\boldsymbol{\beta}$ の推定問題を考える．ここで，$\mathbf{Y}$ は目的変数，$\mathbf{X}$ は説明変数とする．また，$\boldsymbol{\varepsilon}$ に関しては，

条件 1：平均 $\mathrm{E}[\boldsymbol{\varepsilon}] = \mathbf{0}$
条件 2：分散 $\mathrm{Var}[\boldsymbol{\varepsilon}] = \sigma^2 \mathbf{I}_n$

を仮定する．ここで，$\mathbf{I}_n$ は $n \times n$ 単位行列である．このとき，関数 $f(\boldsymbol{\beta}) = \|\mathbf{Y} - \mathbf{X}\boldsymbol{\beta}\|^2$ の最小二乗問題を解くことで得られる

$$\hat{\boldsymbol{\beta}} = (\mathbf{X}^\top \mathbf{X})^{-1} \mathbf{X}^\top \mathbf{Y} \tag{1.13}$$

を**最小二乗推定量**という．最小二乗推定量 $\hat{\boldsymbol{\beta}}$ の平均は，

$$\begin{aligned} \hat{\boldsymbol{\beta}} &= (\mathbf{X}^\top \mathbf{X})^{-1} \mathbf{X}^\top \mathbf{Y} = (\mathbf{X}^\top \mathbf{X})^{-1} \mathbf{X}^\top (\mathbf{X}\boldsymbol{\beta} + \boldsymbol{\varepsilon}) \\ &= \boldsymbol{\beta} + (\mathbf{X}^\top \mathbf{X})^{-1} \mathbf{X}^\top \boldsymbol{\varepsilon} \end{aligned}$$

より，

$$\mathrm{E}[\hat{\boldsymbol{\beta}}] = \boldsymbol{\beta} + (\mathbf{X}^\top \mathbf{X})^{-1} \mathbf{X}^\top \mathrm{E}[\boldsymbol{\varepsilon}] = \boldsymbol{\beta}$$

であり，$\hat{\boldsymbol{\beta}}$ は $\boldsymbol{\beta}$ の不偏推定量になっている．また，分散共分散行列は，

$$\mathrm{Var}[\hat{\boldsymbol{\beta}}] = \mathrm{Var}[(\mathbf{X}^\top \mathbf{X})^{-1} \mathbf{X}^\top \boldsymbol{\varepsilon}] = (\mathbf{X}^\top \mathbf{X})^{-1} \mathbf{X}^\top \mathrm{Var}[\boldsymbol{\varepsilon}] \mathbf{X} (\mathbf{X}^\top \mathbf{X})^{-1}$$
$$= \sigma^2 (\mathbf{X}^\top \mathbf{X})^{-1}$$

となる．

$\mathbf{Y}$ の線形式で表される $\boldsymbol{\beta}$ の推定量 $\boldsymbol{\beta}^*$

$$\boldsymbol{\beta}^* = \mathbf{C}\mathbf{Y} \tag{1.14}$$

を考える．ここで，$\mathbf{C}$ は定数行列である．式 (1.14) による $\boldsymbol{\beta}^*$ を $\boldsymbol{\beta}$ の線形推定量という．さらに，

$$\mathrm{E}[\boldsymbol{\beta}^*] = \mathrm{E}[\mathbf{C}\mathbf{Y}] = \mathrm{E}[\mathbf{C}(\mathbf{X}\boldsymbol{\beta} + \boldsymbol{\varepsilon})] = \boldsymbol{\beta}$$

となるとき，$\boldsymbol{\beta}^*$ は $\boldsymbol{\beta}$ の線形不偏推定量という．また，$\boldsymbol{\beta}^*$ の分散共分散行列は，

$$\mathrm{Var}[\boldsymbol{\beta}^*] = \mathrm{Var}[\mathbf{C}\mathbf{Y}] = \mathbf{C}\mathrm{Var}[\mathbf{X}\boldsymbol{\beta} + \boldsymbol{\varepsilon}]\mathbf{C}^\top = \sigma^2 \mathbf{C}\mathbf{C}^\top \tag{1.15}$$

となる．ここで，

$$\mathbf{C}^* = (\mathbf{X}^\top \mathbf{X})^{-1} \mathbf{X}^\top$$

とし，$\mathbf{C} = \mathbf{D} + \mathbf{C}^*$ とする．式 (1.14) より，$\boldsymbol{\beta}^*$ が不偏推定量になるためには $\mathbf{C}\mathbf{X} = \mathbf{I}_n$ であることが必要である．このことに注意すると，

$$\mathbf{C}\mathbf{X} = \mathbf{D}\mathbf{X} + \mathbf{C}^*\mathbf{X}$$

から，$\mathbf{D}\mathbf{X} = \mathbf{0}$ を得る．これより，

$$\mathbf{C}\mathbf{C}^\top = (\mathbf{D} + \mathbf{C}^*)(\mathbf{D} + \mathbf{C}^*)^\top$$
$$= (\mathbf{D} + (\mathbf{X}^\top \mathbf{X})^{-1} \mathbf{X}^\top)(\mathbf{D} + (\mathbf{X}^\top \mathbf{X})^{-1} \mathbf{X}^\top)^\top$$
$$= \mathbf{D}\mathbf{D}^\top + (\mathbf{X}^\top \mathbf{X})^{-1}$$

となり，$\boldsymbol{\beta}^*$ の分散共分散行列 (1.15) は，

$$\mathrm{Var}[\boldsymbol{\beta}^*] = \sigma^2 \mathbf{CC}^\top = \sigma^2(\mathbf{DD}^\top + (\mathbf{X}^\top\mathbf{X})^{-1})$$
$$= \sigma^2 \mathbf{DD}^\top + \sigma^2(\mathbf{X}^\top\mathbf{X})^{-1}$$
$$= \sigma^2 \mathbf{DD}^\top + \mathrm{Var}[\hat{\boldsymbol{\beta}}]$$

となる．このとき，$\mathbf{DD}^\top$ は半正定値行列なので，不等式

$$\mathrm{Var}[\hat{\boldsymbol{\beta}}] \leq \mathrm{Var}[\boldsymbol{\beta}^*]$$

が成り立つ．これより，最小二乗推定量 (1.13) は，$\mathbf{Y}$ についての線形不偏推定量の中で最小の分散共分散行列をもつ**最良線形不偏推定量**であることがわかる．条件 1 と条件 2 のもとで，最小二乗推定量が最良線形不偏推定量となることを**ガウス・マルコフの定理**という．最小二乗推定量の性質に関しては，蓑谷 (2015) に詳細な議論がある．

1.3.3 一般化最小二乗法

次の線形モデル

$$\mathbf{Y} = \mathbf{X}\boldsymbol{\beta} + \boldsymbol{\varepsilon}, \qquad \boldsymbol{\varepsilon} \sim N(\mathbf{0}, \sigma^2 \boldsymbol{\Omega}) \tag{1.16}$$

を考える．ここで，目的変数 $\mathbf{Y}$ は $n \times 1$ ベクトル，説明変数 $\mathbf{X}$ は $n \times p$ 行列，$\boldsymbol{\beta}$ は $p \times 1$ の未知パラメータベクトルである．また，$\boldsymbol{\Omega}$ は対称な $n \times n$ の正定値行列であることを仮定する．重回帰分析や分散分析の線形モデルでは，$\boldsymbol{\varepsilon} = [\varepsilon_1, \varepsilon_2, \ldots, \varepsilon_n]^\top$ について，

条件 1：平均 $\mathrm{E}[\boldsymbol{\varepsilon}] = \mathbf{0}$
条件 2：分散 $\mathrm{Var}[\boldsymbol{\varepsilon}] = \sigma^2 \mathbf{I}_n$

を仮定するが，式 (1.16) で与えられる線形モデルは，この条件 2 を満足しない．このため，$\mathbf{I}_n \neq \boldsymbol{\Omega}$ において，ガウス・マルコフの定理が成立せず，最小二乗推定量

$$\hat{\boldsymbol{\beta}} = (\mathbf{X}^\top \mathbf{X})^{-1} \mathbf{X}^\top \mathbf{Y}$$

は最良線形不偏推定量にならない．そこで，$\mathbf{I}_n \neq \mathbf{\Omega}$ の場合でも最良線形不偏推定量を得ることを考える．

$\mathbf{\Omega}$ は対称な正定値行列を仮定しているので，適当な直交行列 $\mathbf{W}$ で対角化が可能である．

$$\mathbf{W}^\top \mathbf{\Omega} \mathbf{W} = \mathbf{\Lambda}$$

ここで，$\mathbf{\Lambda} = \mathrm{diag}(\lambda_1, \lambda_2, \ldots, \lambda_p)$ $(\lambda_i > 0,\ i = 1, \ldots, p)$ であることより，

$$\mathbf{\Omega} = \mathbf{W}\mathbf{\Lambda}\mathbf{W}^\top = \mathbf{W}\mathbf{\Lambda}^{1/2}\mathbf{\Lambda}^{1/2}\mathbf{W}^\top = (\mathbf{W}\mathbf{\Lambda}^{1/2})(\mathbf{W}\mathbf{\Lambda}^{1/2})^\top$$

が成り立つ．$\mathbf{P} = (\mathbf{W}\mathbf{\Lambda}^{1/2})^{-1}$ と書くと，

$$\mathbf{P}\mathbf{\Omega}\mathbf{P}^\top = \mathbf{I}_n$$

となる．また，$\mathbf{W}^\top = \mathbf{W}^{-1}$，$\mathbf{P}^\top = \mathbf{W}\mathbf{\Lambda}^{-1/2}$ より，

$$\begin{aligned}
\mathbf{P}^\top \mathbf{P} &= (\mathbf{W}\mathbf{\Lambda}^{-1/2})(\mathbf{\Lambda}^{-1/2}\mathbf{W}^{-1}) \\
&= \mathbf{W}\mathbf{\Lambda}^{-1}\mathbf{W}^{-1} = (\mathbf{W}\mathbf{\Lambda}\mathbf{W}^\top)^{-1} \\
&= \mathbf{\Omega}^{-1}
\end{aligned}$$

となる．線形モデル式 (1.16) の両辺に左側から $\mathbf{P}$ をかけると，

$$\mathbf{P}\mathbf{Y} = \mathbf{P}\mathbf{X}\boldsymbol{\beta} + \mathbf{P}\boldsymbol{\varepsilon}$$

となる．このとき，

$$\mathrm{E}[\mathbf{P}\boldsymbol{\varepsilon}] = \mathbf{0}, \quad \mathrm{Var}[\mathbf{P}\boldsymbol{\varepsilon}] = \mathbf{P}\mathrm{Var}[\boldsymbol{\varepsilon}]\mathbf{P}^\top = \sigma^2 \mathbf{P}\mathbf{\Omega}\mathbf{P}^\top = \sigma^2 \mathbf{I}_n$$

であり，ガウス・マルコフの定理が成立するための条件1と条件2を満足する．したがって，線形モデル

$$\mathbf{P}\mathbf{Y} = \mathbf{P}\mathbf{X}\boldsymbol{\beta} + \mathbf{P}\boldsymbol{\varepsilon}, \quad \mathbf{P}\boldsymbol{\varepsilon} \sim N(\mathbf{0}, \sigma^2 \mathbf{I}_n)$$

に対し，最小二乗法を用いることで，最良線形不偏推定量を得ることができる．そこで，次の関数の最小化問題を考える．

$$f(\boldsymbol{\beta}) = \|\mathbf{PY} - \mathbf{PX}\boldsymbol{\beta}\|^2$$

ここで,

$$\begin{aligned}
f(\boldsymbol{\beta}) &= (\mathbf{Y} - \mathbf{X}\boldsymbol{\beta})^\top \mathbf{P}^\top \mathbf{P}(\mathbf{Y} - \mathbf{X}\boldsymbol{\beta}) \\
&= (\mathbf{Y} - \mathbf{X}\boldsymbol{\beta})^\top \boldsymbol{\Omega}^{-1}(\mathbf{Y} - \mathbf{X}\boldsymbol{\beta}) \\
&= \mathbf{Y}^\top \boldsymbol{\Omega}^{-1} \mathbf{Y} - 2\boldsymbol{\beta}^\top \mathbf{X}^\top \boldsymbol{\Omega}^{-1} \mathbf{Y} + \boldsymbol{\beta}^\top \mathbf{X}^\top \boldsymbol{\Omega}^{-1} \mathbf{X}\boldsymbol{\beta}
\end{aligned}$$

より,

$$\nabla f(\boldsymbol{\beta}) = 2\mathbf{X}^\top \boldsymbol{\Omega}^{-1} \mathbf{X}\boldsymbol{\beta} - 2\mathbf{X}^\top \boldsymbol{\Omega}^{-1} \mathbf{Y} = \mathbf{0}$$

となり,

$$\mathbf{X}^\top \boldsymbol{\Omega}^{-1} \mathbf{X}\boldsymbol{\beta} = \mathbf{X}^\top \boldsymbol{\Omega}^{-1} \mathbf{Y} \tag{1.17}$$

を得る.連立方程式 (1.17) の解を求める方法を**一般化最小二乗法**といい,**一般化最小二乗推定量**は,

$$\hat{\boldsymbol{\beta}} = (\mathbf{X}^\top \boldsymbol{\Omega}^{-1} \mathbf{X})^{-1} \mathbf{X}^\top \boldsymbol{\Omega}^{-1} \mathbf{Y} \tag{1.18}$$

で与えられる.

1.4 最小二乗法の計算におけるその他の話題

本節では,前節までの説明に追加しておくとよいと思われる事項を,2つの項を設けて示す.1つは,最小二乗法を適用する場面において,推定すべき値に制約条件が付いている場合の計算方法,もう1つは,推定値の計算でよく用いられる最尤法と最小二乗法との関係についてである.

1.4.1 制約条件がある場合:ラグランジュの未定乗数法の利用

最小二乗法を適用する場面において,推定すべき値に制約条件が付いている場合がある.ここでは,そのような場合の計算方法を紹介する.基本的には,数学的な解法の説明であるが,以下に示す例の背景にある考え

方，すなわち，もともと条件が課されているときの対応の仕方や解が一意に定まらないときに制約をつけて推定値を求めていくといった考え方をとらえるようにしたい．

まず，もともと推定すべき値に条件がある場合を考えてみる．

例えば，三角形の土地があって，その3つの角度 x, y, z を測ったとき，3つの内角の和は $180°$ になるべきであるが，測定にともなう誤差で $180°$ になっていないという場合である．この場合，3つの内角の和が $180°$ であるという制約条件のもとで，それぞれの角度としてもっともらしい値を求めなければならない．

このように，推定すべき値に制約条件がある場合，**ラグランジュの未定乗数法**を用いる．

ラグランジュの未定乗数法を用いると，$g(x,y,z)=0$ という制約条件のもとで，$f(x,y,z)$ を最大化（または最小化）したいとき，新たな変数 λ を導入し，

$$L(x,y,z,\lambda) = f(x,y,z) - \lambda g(x,y,z)$$

で定義される関数 $L(x,y,z,\lambda)$ に対して，$f(x,y,z)$ が $g(x,y,z)=0$ のもとで最大化（最小化）されるとき，関数 $L(x,y,z,\lambda)$ の x, y, z, λ それぞれの偏微分が 0 となること，すなわち，

$$\frac{\partial L(x,y,z,\lambda)}{\partial x} = \frac{\partial L(x,y,z,\lambda)}{\partial y} = \frac{\partial L(x,y,z,\lambda)}{\partial z} = \frac{\partial L(x,y,z,\lambda)}{\partial \lambda} = 0$$

が成り立つことを利用して，$f(x,y,z)$ を最大化する x, y, z の値を求めることができる．λ を**ラグランジュの未定乗数**という．

上記は，パラメータが x, y, z の3つの場合であるが，いくつであっても同様のことが成り立つ．

では，三角形の場合で考えてみよう．

問題場面 3 三角形の区画があります．この土地の 3 つの角 ∠X，∠Y，∠Z を測ったところ，73.07°，45.02°，62.06° でした．測定誤差により，3 つの角度の和が 180° になっていません．このようなとき，それぞれの角度は何度であるとすればよいでしょう．

それぞれの求めたい角度を x，y，z とすると，

$$x + y + z = 180$$

なので，

$$g(x, y, z) = x + y + z - 180$$

のもとで，誤差の 2 乗和

$$f(x, y, z) = (73.07 - x)^2 + (45.02 - y)^2 + (62.06 - z)^2$$

を最小にする x，y，z の値を求める．ラグランジュの未定乗数 λ を導入し，

$L(x, y, z, \lambda)$
$= f(x, y, z) - \lambda g(x, y, z)$
$= \{(73.07 - x)^2 + (45.02 - y)^2 + (62.06 - z)^2\} - \lambda(x + y + z - 180)$

より，正規方程式は，

$$\begin{cases} \dfrac{\partial L(x, y, z, \lambda)}{\partial x} = -2 \times 73.07 + 2x - \lambda = 0 \\ \dfrac{\partial L(x, y, z, \lambda)}{\partial y} = -2 \times 45.02 + 2y - \lambda = 0 \\ \dfrac{\partial L(x, y, z, \lambda)}{\partial z} = -2 \times 62.06 + 2z - \lambda = 0 \\ \dfrac{\partial L(x, y, z, \lambda)}{\partial \lambda} = -x - y - z + 180 = 0 \end{cases}$$

となる．最初の 3 つの等式から，x, y, z を λ で表し，これを 4 つ目の等式に代入すると，$\lambda = -0.1$ が得られ，この λ を上の 3 つに戻せば，

$$x = 73.02, \quad y = 44.97, \quad z = 62.06$$

となる（結果としては，誤差の総和（$73.07 + 45.02 + 62.06 - 180 = 0.15$）を 3 等分した値 0.05 をそれぞれに割り振る形となっている）．

もし，m 回の測定がなされていれば，正規方程式は，

$$\begin{cases} \dfrac{\partial L(x,y,z,\lambda)}{\partial x} = -2\sum_{i=1}^{m} x_i + 2mx - \lambda = 0 \\ \dfrac{\partial L(x,y,z,\lambda)}{\partial y} = -2\sum_{i=1}^{m} y_i + 2my - \lambda = 0 \\ \dfrac{\partial L(x,y,z,\lambda)}{\partial z} = -2\sum_{i=1}^{m} z_i + 2mz - \lambda = 0 \\ \dfrac{\partial L(x,y,z,\lambda)}{\partial \lambda} = -x - y - z + 180 = 0 \end{cases} \quad (1.19)$$

となる．問題場面 3 を拡張してみよう．

> **問題場面 3'** 三角形の区画の 3 つの角 ∠X, ∠Y, ∠Z を 5 回測ったところ，表 1.2 のようになりました．このようなとき，それぞれの角度は何度であるとすればよいでしょうか．

正規方程式 (1.19) にあてはめ，

$$\begin{cases} -2 \times 365.20 + 10x - \lambda = 0 \\ -2 \times 225.10 + 10y - \lambda = 0 \\ -2 \times 310.15 + 10z - \lambda = 0 \\ -x - y - z + 180 = 0 \end{cases}$$

表 1.2 三角形の内角の計測例（単位 度（°））

角	1 回目	2 回目	3 回目	4 回目	5 回目
x	73.07	73.05	73.07	73.03	72.98
y	45.02	45.03	45.05	45.01	44.99
z	62.06	62.04	62.06	62.01	61.98

を解くことで，$\lambda = -0.3$，および，

$$x = 73.01, \quad y = 44.99, \quad z = 62.00$$

が得られる．この x, y, z が 5 回の計測から推定されるそれぞれの角度である．

次に，解が一意に定まらないとき，求める推定値に制約をつけて求める場合を示そう．

p.16 の主成分得点 (1.6) の a_1, a_2 を求める場合がそれである．

「各点から直線におろした垂線の 2 乗和を最小にする」ことは，「新たな軸 z 上に各点からおろした垂線の足が z 軸上で最も大きな分散をもつ」ことと同じであるので，この後者で，a_1, a_2 を求めてみる．z 軸上の点の重心は $(\bar{x}, \bar{y})$ なので，

$$\frac{1}{n}\sum_{i=1}^{n}\{(a_1 x_i + a_2 y_i) - (a_1 \bar{x} + a_2 \bar{y})\}^2 \tag{1.20}$$

の最大値を求めるが，$a_1 : a_2$ は方向比なので，解は無限にあることより，

$$a_1^2 + a_2^2 = 1 \tag{1.21}$$

の制約を課しておく．ラグランジュの未定乗数を導入し，

$$L(a_1, a_2, \lambda)$$
$$= \frac{1}{n}\sum_{i=1}^{n}\{(a_1 x_i + a_2 y_i) - (a_1 \bar{x} + a_2 \bar{y})\}^2 - \lambda(a_1^2 + a_2^2 - 1)$$
$$= a_1^2 s_x^2 + 2a_1 a_2 s_{xy} + a_2^2 s_y^2 - \lambda(a_1^2 + a_2^2 - 1)$$

より，正規方程式

$$\begin{cases} \dfrac{\partial L(a_1, a_2, \lambda)}{\partial a_1} = 2a_1 s_x^2 + 2a_2 s_{xy} - 2a_1 \lambda = 0 \\[6pt] \dfrac{\partial L(a_1, a_2, \lambda)}{\partial a_2} = 2a_2 s_y^2 + 2a_1 s_{xy} - 2a_2 \lambda = 0 \\[6pt] \dfrac{\partial L(a_1, a_2, \lambda)}{\partial \lambda} = -a_1^2 - a_2^2 + 1 = 0 \end{cases}$$

1.4 最小二乗法の計算におけるその他の話題

を得る．最初の 2 つの式を整理すると，

$$\begin{cases} a_1 s_x^2 + a_2 s_{xy} = a_1 \lambda \\ a_2 s_y^2 + a_1 s_{xy} = a_2 \lambda \end{cases} \quad (1.22)$$

となる．式 (1.22) の 1 つ目の式から得られる $a_2 = \dfrac{a_1(\lambda - s_x^2)}{s_{xy}}$ を 2 つ目の式に代入すると，

$$(\lambda - s_x^2)(\lambda - s_y^2) - s_{xy}^2 = 0$$

が得られるので，これを λ について解くと，

$$\lambda = \frac{(s_x^2 + s_y^2) \pm \sqrt{(s_x^2 - s_y^2)^2 - 4 s_{xy}^2}}{2}$$

と，2 つの λ が得られる．次に，先の $a_2 = \dfrac{a_1(\lambda - s_x^2)}{s_{xy}}$ を条件式 (1.21) に代入して，a_1 について解くと，

$$a_1 = \pm \frac{s_{xy}}{\sqrt{s_{xy}^2 + (\lambda - s_x^2)^2}}$$

が得られ，この a_1 を再び条件式 (1.21) に代入すると，

$$a_2 = \pm \frac{\lambda - s_x^2}{\sqrt{s_{xy}^2 + (\lambda - s_x^2)^2}}$$

が得られる（複号同順）．(a_1, a_2) は方向比であるので，この $\pm$ は逆方向を示しているだけであるから，$+$ だけを採用すればよい．したがって，(a_1, a_2) としては，上で求めた 2 つの λ に対応する 2 組の値が解となる．ここで，分散 (1.20) を最も大きくする (a_1, a_2) を求めたいので，λ の大きい方の値 $\lambda = \dfrac{(s_x^2 + s_y^2) + \sqrt{(s_x^2 - s_y^2)^2 - 4 s_{xy}^2}}{2}$（これを λ_1 としておく）を代入した (a_1, a_2) が求める値となる．

具体例で計算しておこう．図 1.9〜図 1.13 の 8 個の点の座標は，$(2, 7)$, $(4, 3)$, $(6, 8)$, $(8, 6)$, $(10, 12)$, $(12, 9)$, $(14, 14)$, $(16, 10)$ である．$s_x^2 = 21$, $s_y^2 = 10.484$, $s_{xy} = 12.143$ より，$\lambda_1 = 28.974$ となり，$a_1 = 0.8359$, $a_2 = 0.5489$ となる．したがって，主成分得点は，$z_i = 0.8359 x_i + 0.5489 y_i$

で求められる.また,x-y 平面上の直線の方程式は,$0.5489x - 0.8359y + 2.269 = 0$,すなわち,$y = 0.6567x + 2.715$ となり,式 (1.5) を用いて計算した β_1,β_0 に一致する.

上記の計算を行列を使って解くと,次のようになる.式 (1.22) は,行列を用いると,

$$\begin{bmatrix} s_x^2 & s_{xy} \\ s_{xy} & s_y^2 \end{bmatrix} \begin{bmatrix} a_1 \\ a_2 \end{bmatrix} = \lambda \begin{bmatrix} a_1 \\ a_2 \end{bmatrix} \quad (1.23)$$

と表せるので,これを満たす (a_1, a_2) を求める.式 (1.23) は,

$$\begin{bmatrix} s_x^2 - \lambda & s_{xy} \\ s_{xy} & s_y^2 - \lambda \end{bmatrix} \begin{bmatrix} a_1 \\ a_2 \end{bmatrix} = \begin{bmatrix} 0 \\ 0 \end{bmatrix}$$

と書き換えられ,これを満たす (a_1, a_2) は,左辺の行列式が 0,すなわち,

$$\begin{vmatrix} s_x^2 - \lambda & s_{xy} \\ s_{xy} & s_y^2 - \lambda \end{vmatrix} = 0$$

となることから,λ を求め,対応する (a_1, a_2) を求めればよい(変数が多くなると,初等数学の手順では解法が難しくなり,行列による解法が普通となる.交互最小二乗法を利用した統計的手法にも同様の制約条件を課すことが多い.これらの行列による解法については,2.2.2 項,2.2.3 項,2.4.3 項などを参照のこと).

ここで求めた λ を固有値,(a_1, a_2) を固有ベクトルとよび,固有値,固有ベクトルを求める問題を固有値問題とよぶ.したがって,主成分分析は,固有値問題を解くことによって解を得る手法であるということができる.

1.4.2 最小二乗法と最尤法

推定値の計算でよく用いられる最尤法と最小二乗法の関係について見ておこう.

確率ベクトル $\mathbf{Y} = [Y_1, Y_2, \ldots, Y_n]^\top$ の関数を $f(\mathbf{y}|\boldsymbol{\theta})$ ($\boldsymbol{\theta} \in \boldsymbol{\Theta}$) で定義

する．$f(\mathbf{y}|\boldsymbol{\theta})$ は，$\mathbf{Y}$ が連続型であれば確率密度関数，離散型であれば確率関数である．ここで，$\boldsymbol{\theta}$ は $p \times 1$ の未知パラメータベクトルであり，Θ はパラメータ空間を表す．

$\mathbf{Y}$ の観測データ $\mathbf{y} = [y_1, y_2, \ldots, y_n]^\top$ が得られたとき，

$$L(\boldsymbol{\theta}|\mathbf{y}) = f(\mathbf{y}|\boldsymbol{\theta}) \tag{1.24}$$

とおいて $\boldsymbol{\theta}$ の関数と見なしたものを $\boldsymbol{\theta}$ の**尤度関数**という．$f(\mathbf{y}|\boldsymbol{\theta})$ は $\boldsymbol{\theta}$ が与えられたとき，どのような $\mathbf{y}$ が実現しやすいかを示す関数である．それに対し，$\mathbf{y}$ が与えられたとき，それが出現しやすいパラメータの値を示す関数が $L(\boldsymbol{\theta}|\mathbf{y})$ である．

尤度関数 (1.24) を最大化して未知パラメータ $\boldsymbol{\theta}$ を推定する方法を**最尤法**という．最尤法によって得られる $\boldsymbol{\theta}$ の推定値

$$\hat{\boldsymbol{\theta}} = \hat{\boldsymbol{\theta}}(\mathbf{Y}) = \arg\max_{\boldsymbol{\theta} \in \Theta} L(\boldsymbol{\theta}|\mathbf{Y})$$

を**最尤推定量**といい，$\mathbf{Y}$ を $\mathbf{y}$ で置き換えた $\hat{\boldsymbol{\theta}} = \hat{\boldsymbol{\theta}}(\mathbf{y})$ を**最尤推定値**という．したがって，最尤法では，統計モデルを仮定し，得られた $\mathbf{y}$ から $L(\boldsymbol{\theta}|\mathbf{y})$ の値を最大にする $\boldsymbol{\theta}$ の推定問題を考えることになる．

最尤推定量を具体的に計算する場合，尤度関数に対数変換を行った**対数尤度関数** $\ell(\boldsymbol{\theta}|\mathbf{Y})$ の最大化

$$\hat{\boldsymbol{\theta}} = \hat{\boldsymbol{\theta}}(\mathbf{Y}) = \arg\max_{\boldsymbol{\theta} \in \Theta} \ell(\boldsymbol{\theta}|\mathbf{Y})$$

を考える．最尤推定量 $\hat{\boldsymbol{\theta}}$ は，

$$\nabla \ell(\boldsymbol{\theta}|\mathbf{Y}) = \begin{bmatrix} \dfrac{\partial \ell(\boldsymbol{\theta}|\mathbf{Y})}{\partial \theta_1} \\ \dfrac{\partial \ell(\boldsymbol{\theta}|\mathbf{Y})}{\partial \theta_2} \\ \vdots \\ \dfrac{\partial \ell(\boldsymbol{\theta}|\mathbf{Y})}{\partial \theta_p} \end{bmatrix} = \mathbf{0} \tag{1.25}$$

から得られる方程式の解として求めることが一般的である．方程式 (1.25) を**尤度方程式**という．

次の線形モデルの最尤推定問題

$$\mathbf{Y} = \mathbf{X}\boldsymbol{\beta} + \boldsymbol{\varepsilon}, \qquad \boldsymbol{\varepsilon} \sim N(\mathbf{0}, \sigma^2 \mathbf{I}_n) \tag{1.26}$$

を考える．ここで，$\mathbf{Y}$ は目的変数，$\mathbf{X}$ は説明変数，$\boldsymbol{\beta}$ は未知パラメータであり，

$$\mathbf{Y} = \begin{bmatrix} Y_1 \\ Y_2 \\ \vdots \\ Y_n \end{bmatrix}, \quad \mathbf{X} = \begin{bmatrix} X_{11} & X_{12} & \ldots & X_{1p} \\ X_{21} & X_{22} & \ldots & X_{2p} \\ \vdots & \vdots & \ddots & \vdots \\ X_{n1} & X_{n2} & \ldots & X_{np} \end{bmatrix}, \quad \boldsymbol{\beta} = \begin{bmatrix} \beta_1 \\ \beta_2 \\ \vdots \\ \beta_p \end{bmatrix}$$

である．このとき，

$$\mathbf{Y} \sim N(\mathbf{X}\boldsymbol{\beta}, \sigma^2 \mathbf{I}_n)$$

となるので，対数尤度関数は，

$$\ell(\boldsymbol{\beta}|\mathbf{Y}) = -\frac{n}{2} \log\left(2\pi\sigma^2\right) - \frac{(\mathbf{Y} - \mathbf{X}\boldsymbol{\beta})^\top (\mathbf{Y} - \mathbf{X}\boldsymbol{\beta})}{2\sigma^2} \tag{1.27}$$

であり，尤度方程式

$$\frac{\partial \ell(\boldsymbol{\beta}|\mathbf{Y})}{\partial \boldsymbol{\beta}} = -\frac{\mathbf{X}^\top \mathbf{X}\boldsymbol{\beta} - \mathbf{X}^\top \mathbf{Y}}{\sigma^2} = \mathbf{0}$$

を得る．これより，

$$\mathbf{X}^\top \mathbf{X} \boldsymbol{\beta} = \mathbf{X}^\top \mathbf{Y} \tag{1.28}$$

となり，$\mathbf{X}^\top \mathbf{X}$ が正則であれば，$\boldsymbol{\beta}$ の最尤推定量は，

$$\hat{\boldsymbol{\beta}} = (\mathbf{X}^\top \mathbf{X})^{-1} \mathbf{X}^\top \mathbf{Y}$$

である．したがって，線形モデル (1.26) では，$(\mathbf{Y}, \mathbf{X})$ の観測データ $(\mathbf{y}, \mathbf{x})$ から計算される最尤推定値

$$\hat{\boldsymbol{\beta}} = (\mathbf{x}^\top \mathbf{x})^{-1} \mathbf{x}^\top \mathbf{y} \tag{1.29}$$

と最小二乗解 (1.10) は一致する．

1.4 最小二乗法の計算におけるその他の話題

p.18 の近似式 $\mathbf{y} \approx \mathbf{x}\boldsymbol{\beta}$ において，$\mathbf{y} - \mathbf{x}\boldsymbol{\beta}$ の誤差をベクトル $\boldsymbol{\varepsilon}$ で書くと $\mathbf{y} = \mathbf{x}\boldsymbol{\beta} + \boldsymbol{\varepsilon}$ となり，線形モデル (1.26) と同じ形式になる．最尤法は，この誤差 $\boldsymbol{\varepsilon}$ に正規分布を仮定した統計モデルを考え，$\boldsymbol{\beta}$ の最尤推定値を求めるものである．一方，最小二乗法では，この誤差に対する仮定がなくても $\boldsymbol{\beta}$ の最小二乗解が計算できる．

また，$\mathrm{rank}(\mathbf{x}) = p$ であれば，

$$\nabla^2 \ell(\boldsymbol{\theta}|\mathbf{y})|_{\boldsymbol{\theta}=\hat{\boldsymbol{\theta}}} < \mathbf{0}$$

であり，

$$\nabla \ell(\boldsymbol{\theta}|\mathbf{y})|_{\boldsymbol{\theta}=\hat{\boldsymbol{\theta}}} = \mathbf{0}$$

であるので，最尤推定値 (1.29) は大域的最大解となり，対数尤度関数 (1.27) を最大化する値になっていることが保証される．

同様に，一般化最小二乗推定量について見てみると，線形モデル (1.16) の未知パラメータ $\boldsymbol{\beta}$ も最尤法で求めることができる．

$$\mathbf{Y} \sim N(\mathbf{X}\boldsymbol{\beta}, \sigma^2 \boldsymbol{\Omega})$$

より，対数尤度関数は，

$$\ell(\boldsymbol{\beta}|\mathbf{Y}) = -\frac{n}{2}\log(2\pi\sigma^2) - \frac{n}{2}\log|\boldsymbol{\Omega}| - \frac{(\mathbf{Y}-\mathbf{X}\boldsymbol{\beta})^\top \boldsymbol{\Omega}^{-1}(\mathbf{Y}-\mathbf{X}\boldsymbol{\beta})}{2\sigma^2}$$

となる．尤度方程式

$$\nabla \ell(\boldsymbol{\beta}|\mathbf{Y}) = \mathbf{0}$$

を解くと，

$$\mathbf{X}^\top \boldsymbol{\Omega}^{-1} \mathbf{X} \boldsymbol{\beta} = \mathbf{X}^\top \boldsymbol{\Omega}^{-1} \mathbf{Y}$$

であり，最尤推定量

$$\hat{\boldsymbol{\beta}} = (\mathbf{X}^\top \boldsymbol{\Omega}^{-1} \mathbf{X})^{-1} \mathbf{X}^\top \boldsymbol{\Omega}^{-1} \mathbf{Y}$$

を得ることができる．これは，一般化最小二乗推定量 (1.18) と一致する．

第 2 章

交互最小二乗法

2.1 原理

2.1.1 最小二乗基準の最小化の交互反復

求めるべきパラメータを要素とするベクトルを $\boldsymbol{\theta}$ と表し，最小二乗基準を $f(\boldsymbol{\theta})$ と表す．例えば，β_0, β_1, β_2 がパラメータであれば，$\boldsymbol{\theta} = [\beta_0, \beta_1, \beta_2]^\top$ である．第 1 章で登場した統計解析法は，「$\boldsymbol{\theta}$ の解 = 数式」のように，最小二乗解を明示的な式で表せるもの，つまり，いわゆる「解析的に解ける」ものであった．しかし，$\boldsymbol{\theta}$ の解が「解析的に解けない」，つまり，式で表せない手法も数多い (Adachi, 2016)．こうした手法の解を求めるためには，反復解法に頼らざるを得ない．反復解法も，それが基づくストラテジーによって種々のタイプに分類される．その中でも，本書では，$\boldsymbol{\theta}$ の要素をサブセットに分割して，サブセットごとに最小二乗法によって更新する方法を，**交互最小二乗法**と総称する．まず，次の段落で簡単な例をあげて，交互最小二乗法を例解した後に，この方法を一般的に解説する．

表 2.1 に示すデータについて，x_i, y_i を説明変数，z_i を従属変数とした回帰モデル

$$z_i = \beta_0 + \beta_1 x_i + \beta_1 \beta_2 y_i + \varepsilon_i \tag{2.1}$$

を考えよう (Adachi, 2016)．ここで，切片 β_0 と係数 β_1, β_2 が求めるべ

2.1 原理

表 2.1 モデル (2.1) の対象データ（人工データ）

i	1	2	3	4	5	6	7	8	9	10
x_i	1.3	3.6	0.1	5.7	2.6	1.5	2.9	3.6	4.0	5.1
y_i	2.5	1.8	2.2	0.8	1.8	3.4	0.3	1.2	2.1	1.3
z_i	5.1	6.4	4.6	6.8	5.3	7.5	3.7	5.6	7.5	6.5

きパラメータであり，ε_i は誤差を表す．注意すべきは，y_i には係数の積 $\beta_1\beta_2$ が掛かり，モデル (2.1) は線形回帰モデルではなく，その最小二乗基準

$$f(\boldsymbol{\theta}) = f(\beta_0, \beta_1, \beta_2) = \sum_{i=1}^{10} \varepsilon_i^2 = \sum_{i=1}^{10} (z_i - \beta_0 - \beta_1 x_i - \beta_1\beta_2 y_i)^2 \quad (2.2)$$

を最小にする β_0, β_1, β_2 を解析的に求める方法は見出しにくい点である．そこで，パラメータを 2 つの群 $\{\beta_0, \beta_1\}$, $\{\beta_2\}$ に分割して，次の [S1] 〜[S4] のように，初期値の設定から始めて，各群のパラメータの推定値を逐次更新していくことを考える．

[S1] まず，β_2 を初期値 β_2^*（例えば，0.0 といった特定の数値）に設定する．

[S2] 最小二乗基準 (2.2) において，$\beta_2 = \beta_2^*$（具体的数値）と固定し，

$$f(\beta_0, \beta_1 | \beta_2 = \beta_2^*) = \sum_{i=1}^{10} (z_i - \beta_0 - \beta_1 x_i - \beta_1 \beta_2^* y_i)^2 \quad (2.3)$$

を最小にする β_0, β_1 を求める．$x_i^* = x_i + \beta_2^* y_i$ とおくと，式 (2.3) の右辺は $\sum_{i=1}^{10}(z_i - \beta_0 - \beta_1 x_i^*)^2$ と書き直せるが，この最小化は線形回帰分析に他ならず，(1.3) 式より，求めるべき β_1 および β_0 の解は，それぞれ $\beta_1^* = \sum_{i=1}^{10}(x_i^* - \bar{x}^*)(z_i - \bar{z}) \Big/ \sum_{i=1}^{10}(x_i^* - \bar{x}^*)^2$, $\beta_0^* = \bar{z} - \beta_1^* \bar{x}^*$ によって与えられる．ここで，$\bar{x}^*$, $\bar{z}$ は，それぞれ 10 個の x_i^*, z_i の平均値である．

[S3] 最小二乗基準 (2.2) において，$\beta_1 = \beta_1^*$, $c = c^*$ と固定し，

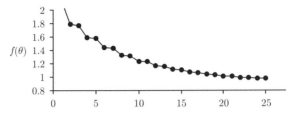

図 2.1 交互最小二乗法における反復に伴う最小二乗基準 $f(\boldsymbol{\theta})$ の変化：横軸の偶数はステップ [S2] の終了時，奇数は [S3] の終了時に対応

$$f(\beta_2|\beta_0=\beta_0^*,\beta_1=\beta_1^*)=\sum_{i=1}^{10}(z_i-\beta_0^*-\beta_1^*x_i-\beta_1^*\beta_2 y_i)^2 \quad (2.4)$$

を最小にする β_2 を求める．$y_i^*=\beta_1^*y_i$，$z_i^*=z_i-\beta_0^*-\beta_1^*x_i$ とおくと，式 (2.4) の右辺は $\sum_{i=1}^{10}(z_i^*-\beta_2 y_i^*)^2$ と書き直せ，これは切片のない線形回帰分析であり，β_2 の解は $\sum_{i=1}^{10}y_i^*z_i^*\bigg/\sum_{i=1}^{10}(y_i^*)^2$ で与えられる．

[S4] 収束したか否かを判定し，否であれば，[S2] に戻る．

上記のステップ [S1] において，β_2 の初期値を 0 として，上記の手続きを行い，[S2]，[S3] のステップの反復に伴う最小二乗基準 $f(\boldsymbol{\theta})=f(\beta_0,\beta_1,\beta_2)$ の値の変化を示したのが図 2.1 である．ステップの反復のたびに $f(\boldsymbol{\theta})$ は減少し，やがてほとんど変化しなくなることがわかる．反復を繰り返しても β_0^*，β_1^*，β_2^* の値が変化せず，最小二乗基準 $f(\boldsymbol{\theta})$ の値の変化もなくなることを，収束とよぶが，実際には，変化が皆無にならなくとも，β_0^*，β_1^*，β_2^* の値，または，$f(\boldsymbol{\theta})$ の値の変化量が無視できるほど小さくなったときに，ステップ [S4] で収束したと判定し，そのときのパラメータの値を最小二乗解と見なす．ここにあげた例では，図 2.1 の右端のステップ 25 で反復を打ち切ると，$\beta_0^*=3.255$，$\beta_1^*=0.618$，$\beta_2^*=0.712$ となった．

2.1.2 一般的定式化

前項に例示したパラメータを2分割する交互最小二乗法を一般的に定式化するために，最小二乗基準 $f(\boldsymbol{\theta})$ のパラメータベクトル $\boldsymbol{\theta}$ の要素を，$\boldsymbol{\theta}_1$ と $\boldsymbol{\theta}_2$ のサブセットに二分して，$\boldsymbol{\theta} = [\boldsymbol{\theta}_1^\top, \boldsymbol{\theta}_2^\top]^\top$ としよう．そして，t 回目の反復で得られる $\boldsymbol{\theta}_1$ および $\boldsymbol{\theta}_2$ を $\boldsymbol{\theta}_1^{[t]}$, $\boldsymbol{\theta}_2^{[t]}$ と表し，$\boldsymbol{\theta}_1$ が $\boldsymbol{\theta}_1^{[t]}$ に固定された最小二乗基準を $f(\boldsymbol{\theta}_2|\boldsymbol{\theta}_1 = \boldsymbol{\theta}_1^{[t]})$ のように表すと，$f(\boldsymbol{\theta})$ を最小にする $\boldsymbol{\theta} = [\boldsymbol{\theta}_1^\top, \boldsymbol{\theta}_2^\top]^\top$ の解を求めるアルゴリズムは，次のように記される．

[S1] $\boldsymbol{\theta}_2$ を初期値 $\boldsymbol{\theta}_2^{[0]}$ に設定する．

[S2] $f(\boldsymbol{\theta}_1|\boldsymbol{\theta}_2 = \boldsymbol{\theta}_2^{[t]})$ を最小にする $\boldsymbol{\theta}_1$ を求めて，それを $\boldsymbol{\theta}_1^{[t+1]}$ とする．

[S3] $f(\boldsymbol{\theta}_2|\boldsymbol{\theta}_1 = \boldsymbol{\theta}_1^{[t+1]})$ を最小にする $\boldsymbol{\theta}_2$ を求めて，それを $\boldsymbol{\theta}_2^{[t+1]}$ とする．

[S4] 収束していれば，$\boldsymbol{\theta}_1^{[t+1]}$, $\boldsymbol{\theta}_2^{[t+1]}$ を解と見なす．収束していなければ，t の値を1つ繰り上げて，[S2] に戻る．

ここで，[S2] で求められる $\boldsymbol{\theta}_1 = \boldsymbol{\theta}_1^{[t+1]}$ は $f(\boldsymbol{\theta}_1|\boldsymbol{\theta}_2 = \boldsymbol{\theta}_2^{[t]})$ を最小にするので，$f(\boldsymbol{\theta}_1^{[t]}, \boldsymbol{\theta}_2^{[t]}) \geq f(\boldsymbol{\theta}_1^{[t+1]}, \boldsymbol{\theta}_2^{[t]})$ が成り立ち，次の [S3] で求められる $\boldsymbol{\theta}_2 = \boldsymbol{\theta}_2^{[t+1]}$ は $f(\boldsymbol{\theta}_2|\boldsymbol{\theta}_1 = \boldsymbol{\theta}_1^{[t+1]})$ を最小にするので，$f(\boldsymbol{\theta}_1^{[t+1]}, \boldsymbol{\theta}_2^{[t]}) \geq f(\boldsymbol{\theta}_1^{[t+1]}, \boldsymbol{\theta}_2^{[t+1]})$ が成り立つ．さらに，[S4] で収束と判定されずに，[S2] に戻ると，$f(\boldsymbol{\theta}_1|\boldsymbol{\theta}_2 = \boldsymbol{\theta}_2^{[t+1]})$ を最小にする $\boldsymbol{\theta}_1 = \boldsymbol{\theta}_1^{[t+2]}$ が求められるので，$f(\boldsymbol{\theta}_1^{[t+1]}, \boldsymbol{\theta}_2^{[t+1]}) \geq f(\boldsymbol{\theta}_1^{[t+2]}, \boldsymbol{\theta}_2^{[t+1]})$ が成り立つ．ここで，$\boldsymbol{\theta}_1$ につく上付き添え字が $[t+2]$ となっているのは，t が1つ繰り上げられていることを表す．以上の不等式をつなぐと，

$$f(\boldsymbol{\theta}_1^{[t]}, \boldsymbol{\theta}_2^{[t]}) \geq f(\boldsymbol{\theta}_1^{[t+1]}, \boldsymbol{\theta}_2^{[t]}) \geq f(\boldsymbol{\theta}_1^{[t+1]}, \boldsymbol{\theta}_2^{[t+1]}) \geq f(\boldsymbol{\theta}_1^{[t+2]}, \boldsymbol{\theta}_2^{[t+1]}) \geq \ldots \tag{2.5}$$

と表せ，[S2] と [S3] の交互反復のたびに，最小二乗基準は単調減少して，やがては解に収束すると考えられる．

ここまで記したパラメータを2分割するケースは，任意の数に分割する場合に，一般化できる．まず，パラメータベクトル $\boldsymbol{\theta}$ が，$\boldsymbol{\theta} = [\boldsymbol{\theta}_1^\top, \ldots, \boldsymbol{\theta}_r^\top, \ldots, \boldsymbol{\theta}_R^\top]^\top$ のように R 個のサブセットに分割されるとして，$\boldsymbol{\theta}$ から $\boldsymbol{\theta}_r$

を除いたものを $\boldsymbol{\theta}_{(r)} = [\boldsymbol{\theta}_1^\top, \ldots, \boldsymbol{\theta}_{r-1}^\top, \boldsymbol{\theta}_{r+1}^\top, \ldots, \boldsymbol{\theta}_R^\top]^\top$ と表そう．さらに，t 回目の反復で得られた $\boldsymbol{\theta}_r$ を $\boldsymbol{\theta}_r^{[t]}$ と表し，$\boldsymbol{\theta}^{[t]} = [\boldsymbol{\theta}_1^{[t]\top}, \ldots, \boldsymbol{\theta}_r^{[t]\top}, \ldots, \boldsymbol{\theta}_R^{[t]\top}]^\top$，$\boldsymbol{\theta}_{(r)}^{[t]} = [\boldsymbol{\theta}_1^{[t]\top}, \ldots, \boldsymbol{\theta}_{r-1}^{[t]\top}, \boldsymbol{\theta}_{r+1}^{[t]\top}, \ldots, \boldsymbol{\theta}_R^{[t]\top}]^\top$ とする．ただし，$r = 1$ のときの $\boldsymbol{\theta}_{(r)}^{[t]}$ は，$\boldsymbol{\theta}_{(1)}^{[t]} = [\boldsymbol{\theta}_2^{[t]\top}, \ldots, \boldsymbol{\theta}_R^{[t]\top}]^\top$ である．

[S1]　$\boldsymbol{\theta}_{(1)}$ を初期値 $\boldsymbol{\theta}_{(1)}^{[0]}$ に設定する．

[S2]　$r = 1, 2, \ldots, R$ と変えながら，次のことを行う：
$f(\boldsymbol{\theta}_r | \boldsymbol{\theta}_{(r)} = \boldsymbol{\theta}_{(r)}^{[t]})$ を最小にする $\boldsymbol{\theta}_r$ を求めて，それを $\boldsymbol{\theta}_r^{[t]}$ および $\boldsymbol{\theta}^{[t+1]}$ の第 r サブセットに代入する．

[S3]　収束していれば，$\boldsymbol{\theta}^{[t+1]}$ を解と見なして終了し，収束していなければ，$t := t+1$ とおいて，[S2] に戻る．

上記のステップ [S2] において，r の増加に伴って，$f(\boldsymbol{\theta}_r | \boldsymbol{\theta}_{(r)} = \boldsymbol{\theta}_{(r)}^{[t]})$ は単調減少し，さらに，t 回目の反復で得られるパラメータベクトル $\boldsymbol{\theta}$ を $\boldsymbol{\theta}^{[t]}$ と表すと，t の増加に伴って，最小二乗基準は，

$$f(\boldsymbol{\theta}^{[t]}) \geq f(\boldsymbol{\theta}^{[t+1]}) \tag{2.6}$$

のように減少していく．

　以上のように，パラメータを分割して交互推定するという手続きは，最小二乗法に限らず，最尤法を含め，他のパラメータ推定法にも使える．例えば，$f(\boldsymbol{\theta})$ を負の対数尤度とすれば，ここまでの方法を $\boldsymbol{\theta}$ の最尤推定値を求めるために使える（例えば，Uno, Satomura, and Adachi, 2016）．$f(\boldsymbol{\theta})$ が，最小二乗基準に限定されずに，広く目的関数一般を指す場合には，本書に記した方法は，ブロック・リラクセーション（Block Relaxation）などとよばれ (Lange, 2010)，その1つが交互最小二乗法になる．

　では，$f(\boldsymbol{\theta})$ が最小二乗基準の場合に限って，特に，交互最小二乗法という成語があるのか．その事情を次節の初めに記す．

2.2 交互最小二乗法の代表例

2.2.1 多変量カテゴリカルデータの分析

解法が交互最小二乗法に基づく統計解析法は古くから数多くある．その1つは，2.2.2項で解説するk平均クラスタリングである (MacQueen, 1967)．しかし，それが提案された1960年代には，交互最小二乗法という用語は流布していなかったはずである．この用語が広められたのは，著者の知る限り，サイコメトリックス（Psychometrics）の分野からである．1970年代半ばに，当分野の代表誌「*Psychometrika*」に，Young, de Leeuw, and Takane (1976) や de Leeuw, Young, and Takane (1976) をはじめとして，論題が **alternating least squares**（交互最小二乗）を含み，その略語 **ALS** が，ADDALS, MORALS, CORALS のように，提案手法名に含まれる論文が次々と公刊された．これが交互最小二乗法という用語の流布の契機と考えられる．上記の手法は，交互最小二乗法を用いること以外に，非計量的（nonmetric）な多変量カテゴリカルデータを分析対象とする点で，**非計量 ALS 法**と総称できる．

非計量 ALS 法が適用されるデータの例を表 2.2 に示す．これは，34個体 × 7変数のデータ行列であるが，その要素は，数量ではないカテゴリーである．ここで，各変数内で同じカテゴリーのセルは，同じ濃さにしている．表 2.2 の変数「価格」のカテゴリーを，例えば，「安価→1, 中価→2, 高価→3, 極高→4」とコード化して，統計解析を行えるが，コード1, 2, 3, 4の等間隔性は保障されず，各カテゴリーは，安価・中価・高価・極高の順で「価格が高まる」ことを表す順序変数であると見なす方が無難である．さらに，変数「原料」が示す人工・果実・穀物・香草の4値には順序性も見出しがたく，名義尺度の変数といえる．

こうしたデータに，通常の数量的データを対象にした分析法を適用するため，非計量 ALS 法では，表 2.2(B) のように，カテゴリーを，「安価→ q_{51}, 中価→ q_{52}, 高価→ q_{53}, 極高→ q_{54}」のように，変数 j のカテゴリー k に与えられるべき数量的得点を q_{jk} と表し，これも分析によって求めるべき未知パラメータとする．表 2.2(B) のように，q_{jk} の集合 $\mathbf{Q} =$

表 2.2 飲料水(個体)の特徴(変数)をカテゴリー(語)で記述した Kiers (1989) のデータ行列 (A) と,カテゴリーをそれらの数量的得点を表すパラメータで表した行列 (B). (A) は村上 (1997) からも入手できる.

個体(飲料水)	(A) 飲料水の多変量カテゴリカルデータ						(B) カテゴリー得点で表わされたデータ					
	ALC*	糖分	炭酸	原料	価格	味	色	ALC*	糖分	炭酸	原料	価格	味	色
Syrup	無	加糖	無	人工	中価	極甘	黄	q_{11}	q_{21}	q_{31}	q_{41}	q_{52}	q_{64}	q_{72}
Cola	無	加糖	炭酸	人工	安価	極甘	茶	q_{11}	q_{22}	q_{32}	q_{41}	q_{51}	q_{64}	q_{73}
Seven-up	無	加糖	炭酸	人工	中価	極甘	無色	q_{11}	q_{22}	q_{32}	q_{41}	q_{52}	q_{64}	q_{71}
Orangina	無	加糖	炭酸	果実	安価	極甘	黄	q_{11}	q_{22}	q_{32}	q_{42}	q_{51}	q_{64}	q_{72}
Apple juice	無	無	無	果実	安価	極甘	黄	q_{11}	q_{21}	q_{31}	q_{42}	q_{51}	q_{64}	q_{72}
Orange juice	無	無	無	果実	中価	甘	黄	q_{11}	q_{21}	q_{31}	q_{42}	q_{52}	q_{63}	q_{72}
Red Bordeaux	弱	無	無	果実	中価	ドライ	赤	q_{12}	q_{21}	q_{31}	q_{42}	q_{52}	q_{62}	q_{75}
White Bordeaux	弱	無	無	果実	中価	ドライ	黄	q_{12}	q_{21}	q_{31}	q_{42}	q_{52}	q_{62}	q_{72}
Red Lambrusco	弱	無	炭酸	果実	中価	極甘	赤	q_{12}	q_{21}	q_{32}	q_{42}	q_{52}	q_{64}	q_{75}
Rose	弱	無	無	果実	中価	甘	薄赤	q_{12}	q_{21}	q_{31}	q_{42}	q_{52}	q_{63}	q_{74}
Moselle wine	弱	無	無	果実	中価	甘	黄	q_{12}	q_{21}	q_{31}	q_{42}	q_{52}	q_{63}	q_{72}
Sekt	弱	無	炭酸	果実	中価	甘	黄	q_{12}	q_{21}	q_{32}	q_{42}	q_{52}	q_{63}	q_{72}
Riesling	弱	無	炭酸	果実	極高	極甘	無色	q_{12}	q_{21}	q_{32}	q_{42}	q_{54}	q_{64}	q_{71}
Champagne ds	弱	無	炭酸	果実	極高	甘	黄	q_{12}	q_{21}	q_{32}	q_{42}	q_{54}	q_{63}	q_{72}
Champagne br	弱	無	炭酸	果実	極高	ドライ	黄	q_{12}	q_{21}	q_{32}	q_{42}	q_{54}	q_{62}	q_{72}
Sherry	中	無	無	果実	高価	甘	茶	q_{13}	q_{21}	q_{31}	q_{42}	q_{53}	q_{63}	q_{73}
Port	中	無	無	果実	高価	極甘	赤	q_{13}	q_{21}	q_{31}	q_{42}	q_{53}	q_{64}	q_{75}
Cointreau	極強	加糖	無	果実	極高	極甘	無色	q_{15}	q_{22}	q_{31}	q_{42}	q_{54}	q_{64}	q_{71}
Jenever	極強	無	無	穀物	極高	ビター	無色	q_{15}	q_{21}	q_{31}	q_{43}	q_{54}	q_{61}	q_{71}
Gin	極強	無	無	穀物	極高	ビター	無色	q_{15}	q_{21}	q_{31}	q_{43}	q_{54}	q_{61}	q_{71}
Whisky	極強	無	無	穀物	極高	ビター	黄	q_{15}	q_{21}	q_{31}	q_{43}	q_{54}	q_{61}	q_{72}
Beer	弱	無	炭酸	穀物	安価	ビター	黄	q_{12}	q_{21}	q_{32}	q_{43}	q_{51}	q_{61}	q_{72}
Old-br. beer	弱	加糖	炭酸	穀物	中価	ビター	茶	q_{12}	q_{22}	q_{32}	q_{43}	q_{52}	q_{61}	q_{73}
Guiness	弱	無	炭酸	穀物	中価	ビター	茶	q_{12}	q_{21}	q_{32}	q_{43}	q_{52}	q_{61}	q_{73}
Cider	弱	無	炭酸	果実	中価	甘	黄	q_{12}	q_{21}	q_{32}	q_{42}	q_{52}	q_{63}	q_{72}
Strawberry lq	強	加糖	無	人工	高価	極甘	薄赤	q_{14}	q_{22}	q_{31}	q_{41}	q_{53}	q_{64}	q_{74}
Banana lq	強	加糖	無	人工	高価	極甘	黄	q_{14}	q_{22}	q_{31}	q_{41}	q_{53}	q_{64}	q_{72}
Cherry brandy	強	加糖	無	人工	高価	極甘	薄赤	q_{14}	q_{22}	q_{31}	q_{41}	q_{53}	q_{64}	q_{74}
bl. Currant lq	強	加糖	無	人工	高価	極甘	赤	q_{14}	q_{22}	q_{31}	q_{41}	q_{53}	q_{64}	q_{75}
Slivovic	極強	無	無	果実	極高	ビター	無色	q_{15}	q_{21}	q_{31}	q_{42}	q_{54}	q_{61}	q_{71}
Ouzo	極強	加糖	無	香草	極高	甘	無色	q_{15}	q_{22}	q_{31}	q_{44}	q_{54}	q_{63}	q_{71}
Pernod	極強	加糖	無	香草	極高	甘	無色	q_{15}	q_{22}	q_{31}	q_{44}	q_{54}	q_{63}	q_{71}
Jaegermeister	強	無	無	香草	高価	ビター	茶	q_{14}	q_{21}	q_{31}	q_{44}	q_{53}	q_{61}	q_{73}
Rum	極強	加糖	無	穀物	極高	甘	無色	q_{15}	q_{22}	q_{31}	q_{43}	q_{54}	q_{63}	q_{71}

*ALC: アルコール

$\{q_{jk}\}$ の関数であるデータ行列を $\mathbf{X}(\mathbf{Q})$ と表そう.非計量 ALS 法では,このデータ行列 $\mathbf{X}(\mathbf{Q})$ を各種の多変量解析のモデルで説明しようとする.そのモデルを,そのパラメータの集合 Θ の関数として $\mathbf{M}(\Theta)$ と表し,$\mathbf{X}(\mathbf{Q})$ と $\mathbf{M}(\Theta)$ に基づく最小二乗基準を $LS[\mathbf{X}(\mathbf{Q}), \mathbf{M}(\Theta)]$ と表すと,非計量 ALS 法は,一般に,

$$\min_{\Theta, \mathbf{Q}} LS[\mathbf{X}(\mathbf{Q}), \mathbf{M}(\Theta)] \tag{2.7}$$

と定式化できる (Young, 1981).通常の最小二乗法では,$\mathbf{Q}$ はなく,所与のデータ行列 $\mathbf{X}$ に対して,$\min_{\Theta} LS[\mathbf{X}, \mathbf{M}(\Theta)]$ と定式化されるのに対し

て，式 (2.7) では，データに対応する $\mathbf{Q}$ も推定対象であり，高根 (1980) は $\mathbf{Q}$ をデータパラメータ，$\boldsymbol{\Theta}$ をモデルパラメータとよんで区別している．

非計量 ALS 法の個別手法は，$\mathbf{M}(\boldsymbol{\Theta})$ がどのようなモデルになるかによって区別される．de Leeuw, Young, and Takane (1976) の ADDALS は，$\mathbf{X}(\mathbf{Q})$ の (i,j) 要素を $x_{ij}(\mathbf{Q})$ と表すと，対応する $\mathbf{M}(\boldsymbol{\Theta})$ の (i,j) 要素は，例えば，$\mu + \alpha_i + \beta_j$ のような加算モデル（additive model：分散分析の線形モデル）となる．すなわち，$\boldsymbol{\Theta}$ は μ, α_i, β_j を含む．また，Young, de Leeuw, and Takane (1976) の MORALS は，例えば，表 2.2(B) の価格・味を他の変数に回帰させたいときに使われ，$\boldsymbol{\Theta}$ は回帰係数や切片からなり，$LS[\mathbf{X}(\mathbf{Q}), \mathbf{M}(\boldsymbol{\Theta})]$ は多変量回帰分析の最小二乗基準となる．一般に，$\mathbf{Q}$ と $\boldsymbol{\Theta}$ を解析的に求めることは難しく，適当な初期値から始めて，収束するまで，次の 2 つのステップを反復する交互最小二乗法を使うことになる．

[$\boldsymbol{\Theta}$ ステップ]　$\mathbf{Q}$ を固定して，$\min_{\boldsymbol{\Theta}} LS[\mathbf{X}(\mathbf{Q}), \mathbf{M}(\boldsymbol{\Theta})]$ を行う．
[$\mathbf{Q}$ ステップ]　$\boldsymbol{\Theta}$ を固定して，$\min_{\mathbf{Q}} LS[\mathbf{X}(\mathbf{Q}), \mathbf{M}(\boldsymbol{\Theta})]$ を行う．

2.2.2　非計量主成分分析の骨子

本項から 2.2.4 項まで，非計量 ALS 法の中でも，$\mathbf{M}(\boldsymbol{\Theta})$ が主成分分析（PCA: principal component analysis）のモデルとなる PRINCIPALS (Takane, Young, and de Leeuw, 1975; Young, Takane, and de Leeuw, 1978) と PRINCALS (Gifi, 1981, 1990; SPSS, 1994, 1997) を取り上げる．2.2.4 項に記すように，両手法は同等の手法であり，「…ALS」という名称は，分析法よりも，むしろ，それを実装したプログラムを指すことがあるので，本項では，PRINCIPAL と PRINCALS が行う分析を，**非計量主成分分析**（NCA: Nonmetric Component Analysis）と総称する（足立・村上, 2011）．

まず，n 個体 × p 変数のデータ行列 $\mathbf{X}(\mathbf{Q})$ を陽に表現するため，新たなベクトル $\mathbf{q}_j$ と行列 $\mathbf{G}_j$ を導入する．変数 j のカテゴリー数を K_j とし

て，$\mathbf{q}_j = [q_1, \ldots, q_{K_j}]^\top$ をカテゴリー得点 q_{jk} $(k = 1, \ldots, K_j)$ を第 k 要素とする $K_j \times 1$ のベクトルであると定義する．一方，$\mathbf{G}_j$ は，カテゴリーへの個体のメンバーシップを 0 か 1 で表す n 個体 $\times$ K_j カテゴリーの行列とする．すなわち，$\mathbf{G}_j$ の (i, k) 要素は，

$$g_{ijk} = \begin{cases} 1 & (\text{個体 } i \text{ がカテゴリー } k \text{ に属するとき}) \\ 0 & (\text{該当しないとき}) \end{cases} \qquad (2.8)$$

と定義される．例えば，表 2.2(A) の第 7 変数「色」に着目すると，

$$\mathbf{G}_7 \atop 34 \times 5 = \begin{bmatrix} 0\,1\,0\,0\,0 \\ 0\,0\,1\,0\,0 \\ \vdots \\ 1\,0\,0\,0\,0 \end{bmatrix}, \quad \mathbf{q}_7 \atop 5 \times 1 = \begin{bmatrix} q_{71} \\ q_{72} \\ \vdots \\ q_{75} \end{bmatrix}, \quad \mathbf{G}_7 \mathbf{q}_7 \atop 34 \times 1 = \begin{bmatrix} q_{72} \\ q_{73} \\ \vdots \\ q_{71} \end{bmatrix}$$

のように，$\mathbf{G}_7$ と $\mathbf{q}_7$ が定義されて，$\mathbf{G}_7\mathbf{q}_7$ が表 2.2(B) の第 7 変数のベクトルを与える．すなわち，$\mathbf{X}(\mathbf{Q})$ の第 j 列は $\mathbf{G}_j \mathbf{q}_j$ と表せ，

$$\mathbf{X}(\mathbf{Q}) = [\mathbf{G}_1 \mathbf{q}_1, \ldots, \mathbf{G}_p \mathbf{q}_p] = \mathbf{G}\mathbf{B_Q} \qquad (2.9)$$

である．ここで，$K = \sum_{j=1}^{p} K_j$ とすると，$\mathbf{G} = [\mathbf{G}_1, \ldots, \mathbf{G}_p]$ は，$\mathbf{G}_j$ を第 j ブロックとする $n \times K$ の行列であり，$\mathbf{B_Q} = \begin{bmatrix} \mathbf{q}_1 & & \\ & \ddots & \\ & & \mathbf{q}_p \end{bmatrix}$ は，$\mathbf{q}_j$ を第 j 対角ブロックとする $K \times p$ のブロック対角行列である．

データ行列 (2.9) に対する n 個体 $\times$ m 成分の主成分得点の行列を $\mathbf{F}$，p 変数 $\times$ m 成分の成分負荷の行列を $\mathbf{A}$ と表すと，NCA では $\mathbf{M}(\boldsymbol{\Theta}) = \mathbf{F}\mathbf{A}^\top$ となる．ここで，成分数は，$m \leq \min(n, p)$ である．すなわち，NCA の最小二乗基準 $LS[\mathbf{X}(\mathbf{Q}), \mathbf{M}(\boldsymbol{\Theta})]$ は，

$$f(\mathbf{F}, \mathbf{A}, \mathbf{Q}) = ||\mathbf{G}\mathbf{B_Q} - \mathbf{F}\mathbf{A}^\top||^2 = \sum_{j=1}^{p} ||\mathbf{G}_j \mathbf{q}_j - \mathbf{F}\mathbf{a}_j||^2 \qquad (2.10)$$

と表せる．ここで，$\mathbf{a}_j$ $(m \times 1)$ は，成分負荷行列 $\mathbf{A} = [\mathbf{a}_1, \ldots, \mathbf{a}_p]^\top$ の第 j 行 $\mathbf{a}_j^\top$ の転置であり，$\|\mathbf{M}\|^2$ は行列 $\mathbf{M}$ の要素の平方和を表す．さらに，解を一意に定めるため，次の制約条件が課される．まず，$\mathbf{F}$ と $\mathbf{A}$ は，

$$\frac{1}{n}\mathbf{F}^\top \mathbf{F} = \mathbf{I}_m, \quad \mathbf{A}^\top \mathbf{A} \text{ は対角要素が降順の対角行列} \tag{2.11}$$

と制約される．また，単位が任意の $\mathbf{q}_j$ については，データ行列の列 $\mathbf{G}_j \mathbf{q}_j$ が平均 0，分散 1 の標準得点であることを要請する条件

$$\mathbf{1}_n^\top \mathbf{G}_j \mathbf{q}_j = 0, \quad \frac{1}{n}\mathbf{q}_j^\top \mathbf{D}_j \mathbf{q}_j = 1 \tag{2.12}$$

が課される．ここで，$\mathbf{D}_j = \mathbf{G}_j^\top \mathbf{G}_j$ であり，(2.8) の定義より，$\mathbf{D}_j$ はカテゴリー k の観測頻度を第 k 対角要素とする対角行列となる．以上より，NCA で反復されるステップは，前項の Θ および Q ステップを具体化して，次のように表せる．

[Θ ステップ]　$\mathbf{q}_1, \ldots, \mathbf{q}_p$ を固定して，条件 (2.11) のもとで，最小二乗基準 (2.10) を最小にする $\mathbf{F}$ と $\mathbf{A}$ を求める．

[Q ステップ]　$\mathbf{F}$，$\mathbf{A}$ を固定して，条件 (2.12) のもとで，最小二乗基準 (2.10) を最小にする $\mathbf{q}_1, \ldots, \mathbf{q}_p$ を求める．

Q ステップの詳細は次項に回して，本項では，上記の Θ ステップの解法だけを記す．その解は，式 (2.9) の特異値分解

$$\mathbf{G}\mathbf{B}_\mathbf{Q} = \mathbf{K}\mathbf{\Lambda}\mathbf{L}^\top \tag{2.13}$$

を用いて求められる (Eckart, and Young, 1936)．ここで，$r = \text{rank}(\mathbf{G}\mathbf{B}_\mathbf{Q})$ とおくと，$\mathbf{K}^\top\mathbf{K} = \mathbf{L}^\top\mathbf{L} = \mathbf{I}_r$，$\mathbf{\Lambda}$ は対角要素が降順の対角行列である．制約条件 (2.11) を満たす $\mathbf{F}$ と $\mathbf{A}$ の解は，

$$\mathbf{F} = \sqrt{n}\mathbf{K}_m, \quad \mathbf{A} = \frac{1}{\sqrt{n}}\mathbf{L}_m \mathbf{\Lambda}_m \tag{2.14}$$

で与えられる．ここで，$\mathbf{\Lambda}_m$ $(m \times m)$ は $\mathbf{\Lambda}$ の第 1 対角ブロック，$\mathbf{K}_m$ $(n \times m)$ および $\mathbf{L}_m$ $(p \times m)$ は，それぞれ，$\mathbf{K}$ および $\mathbf{L}$ の上位 m 列を列とした行列である．

2.2.3 最適尺度法

非計量 ALS 法の提案者は，カテゴリーに得点を与える Q ステップを指して，特に**最適尺度法**（optimal scaling）とよんでいるが (例えば，高根, 1980)．この呼称には，「離散変数のカテゴリカルなデータの背後には連続的な尺度が潜在し，データから，背後の尺度上の値 q_{jk} を同定する行為が Q ステップである」という意味合いがある．なお，Hastie, Tibshirani, and Buja (1994), Hastie, Buja, and Tibshirani (1995) らは，Q ステップを**最適得点化**（optimal scoring）とよんでいる．

さて，NCA の Q ステップで求めるべきパラメータは $\mathbf{q}_j$ ($j = 1, \ldots, p$) であるが，式 (2.10) からわかるように，$\mathbf{q}_j$ が現れるのは，式 (2.10) の右辺から加算記号を除いた $f_j(\mathbf{q}_j) = ||\mathbf{G}_j\mathbf{q}_j - \mathbf{F}\mathbf{a}_j||^2$ だけである．このことは，最適な $\mathbf{q}_j$ を求めるためには，$f_j(\mathbf{q}_j)$ だけを考慮すればよいことを表す．さらに，

$$\mathbf{r}_j = \mathbf{D}_j^{-1}\mathbf{G}_j^\top \mathbf{F}\mathbf{a}_j \tag{2.15}$$

を用いて，$f_j(\mathbf{q}_j)$ は $||\mathbf{G}_j\mathbf{q}_j - \mathbf{F}\mathbf{a}_j||^2 = ||\mathbf{G}_j\mathbf{r}_j - \mathbf{F}\mathbf{a}_j||^2 + (\mathbf{q}_j - \mathbf{r}_j)^\top \mathbf{D}_j(\mathbf{q}_j - \mathbf{r}_j)$ のように分割され，右辺で $\mathbf{q}_j$ に関係するのは，簡潔な関数

$$g_j(\mathbf{q}_j) = (\mathbf{q}_j - \mathbf{r}_j)^\top \mathbf{D}_j(\mathbf{q}_j - \mathbf{r}_j) \tag{2.16}$$

だけである．以上より，Q ステップでは，$j = 1, \ldots, p$ のそれぞれについて，制約条件 (2.12) のもとで関数 (2.16) を最小にする $\mathbf{q}_j$ を求めればよい．

上記の最小化が，さらに，ベクトル $\mathbf{D}_j^{1/2}\mathbf{q}_j$ と $\mathbf{D}_j^{1/2}\mathbf{r}_j$ の余弦

$$\cos_j(\mathbf{q}_j) = \frac{\mathbf{r}_j^\top \mathbf{D}_j \mathbf{q}_j}{\sqrt{\mathbf{r}_j^\top \mathbf{D}_j \mathbf{r}_j}\sqrt{\mathbf{q}_j^\top \mathbf{D}_j \mathbf{q}_j}} \tag{2.17}$$

の最大化と同等であることが，次のように示される．条件 (2.12) の右の式，すなわち，$\mathbf{q}_j^\top \mathbf{D}_j \mathbf{q}_j = n$ を考慮すると，関数 (2.16) は $g_j(\mathbf{q}_j) = n - 2\mathbf{r}_j^\top \mathbf{D}_j \mathbf{q}_j + \mathbf{r}_j^\top \mathbf{D}_j \mathbf{r}_j$ と書き換えられ，条件 (2.12) のもとでの関数 (2.16) の最小化と $g_j^{\#}(\mathbf{q}_j) = \mathbf{r}_j^\top \mathbf{D}_j \mathbf{q}_j$ の最大化の同等性が示される．さらに，条

件 $\mathbf{q}_j^\top \mathbf{D}_j \mathbf{q}_j = n$ がベクトル $\mathbf{D}_j^{1/2} \mathbf{q}_j$ の長さを制約して，$\mathbf{r}_j^\top \mathbf{D}_j \mathbf{r}_j$ は $\mathbf{q}_j$ に関係ない定数であるので，関数 (2.16) の最小化と式 (2.17) の最大化の同等性が示される．ここで，式 (2.17) は，ベクトル間の角度の関数であるので，関数 (2.16) を最小にする $\mathbf{q}_j$ を $\hat{\mathbf{q}}_j$ と表すと，$\mathbf{D}_j^{1/2} \mathbf{q}_j$ が $\mathbf{D}_j^{1/2} \hat{\mathbf{q}}_j$ と同じ方向に伸びるとき，つまり，

$$\mathbf{q}_j = \alpha_j(\hat{\mathbf{q}}_j + \boldsymbol{\gamma}_j) \tag{2.18}$$

のとき，式 (2.18) は最大化される．ここで，

$$\boldsymbol{\gamma}_j = -n^{-1}\mathbf{1}_{K_j}\mathbf{1}_n^\top \mathbf{G}_j \hat{\mathbf{q}}_j, \quad \alpha_j = \frac{\sqrt{n}}{\sqrt{(\hat{\mathbf{q}}_j + \boldsymbol{\gamma}_j)^\top \mathbf{D}_j(\hat{\mathbf{q}}_j + \boldsymbol{\gamma}_j)}} \tag{2.19}$$

とおけば，条件 (2.12) は満たされる．変数 j が名義尺度の場合には，カテゴリー得点に課されるべき条件は，(2.12) 以外にはなく，明らかに，$\hat{\mathbf{q}}_j = \mathbf{r}_j$ とおけばよい．

変数 j のカテゴリーが順序変数で，番号が $1,\ldots,K_j$ の昇順で大きな値に対応するというときには，

$$q_{j1} \leq \cdots \leq q_{jK_j} \tag{2.20}$$

という制約条件が付加される．この条件のもとで関数 (2.16) を最小にする $\hat{\mathbf{q}}_j$ を求めた後に，式 (2.18) のように変換して，条件 (2.12) を満たすようにした $\mathbf{q}_j$ が解となる．条件 (2.20) のように要素が制約される $\hat{\mathbf{q}}_j$ を求める方法は，**単調回帰法**とよばれ，その理論は紙面の制約から参考文献の Kruskal (1964a,b), Young (1975) に譲り，$\hat{\mathbf{q}}_j$ を求めるためのアルゴリズムだけを図 2.2 に記す．このアルゴリズムは，齋藤 (1980) にならったものである．

2.2.4 非計量主成分分析の適用例

まず，2.2.2 項と前項の結果をまとめた NCA のアルゴリズムを次にリストしておく．

[S1] **F，A** の初期値を求める．

単調回帰法

ベクトル (2.15) の第 k 要素を r_{jk}, $q_{j0}^{\#}$ を r_{j1} より小さい数とした上で, $k = 1, \ldots, K_j$ と変えながら, 次のことを行う.

- $r_{jk} \geq q_{j,k-1}^{\#}$ ならば, $q_{jk}^{\#} = r_{jk}$ とおく.
- $r_{jk} < q_{j,k-1}^{\#}$ ならば, $L = 1, 2, \ldots, k-2$ と変えながら, 次のことを行う.
  - ▶ $\bar{r}_{jk} = \dfrac{1}{q_{jk}^{\#} + \sum_{l=1}^{L} q_{j,k-l}^{\#}} \left(q_{jk}^{\#} r_{jk} + \sum_{l=1}^{L} q_{j,k-l}^{\#} r_{j,k-l} \right) \geq q_{j,k-L-1}^{\#}$

    を満たす最小の L を見つけ, $q_{jk}^{\#} = q_{j,k-1}^{\#} = q_{j,k-2}^{\#} = \ldots = q_{j,k-L}^{\#} = \bar{r}_{jk}$ とおく.

以上で得られた $[q_{j1}^{\#}, \ldots, q_{jK_j}^{\#}]^{\top}$ を $\hat{\mathbf{q}}_j$ とする.

図 **2.2** 単調回帰法のアルゴリズム

[S2] $j = 1, \ldots, p$ のそれぞれについて, 以下のことを行う. 変数 j が名義変数のときは, $\hat{\mathbf{q}}_j$ を式 (2.15) で求め, 順序変数のときは, 図 2.2 のように $\hat{\mathbf{q}}_j$ を求めた後, 式 (2.18) により $\mathbf{q}_j$ を求める.

[S3] 式 (2.14) より $\mathbf{F}$, $\mathbf{A}$ を求める.

[S4] 収束していれば終了し, 収束していなければ [S2] に戻る.

以上のアルゴリズムによる NCA を, 成分数を $m = 2$ として, 表 2.2 のデータに適用した. ここで, データの 7 変数のうち, アルコールと価格だけを順序変数, 他を名義変数と見なした. なお, 順序制約 (2.20) はカテゴリー数が 3 以上のときだけ意味をもつため, その数が 2 の糖分と炭酸は, 名義・順序変数のいずれと見なしても同じである. ステップ [S1] の $\mathbf{F}$, $\mathbf{A}$ の初期値は, $q_{jk} = k$ とした $\mathbf{GB_Q}$ から得られる解 (2.14) とした. [S4] では, 前回の反復から, 目的関数 (2.10) の減少量が $pm \times 0.1^8$ となったときに, 収束と判定した.

2.2 交互最小二乗法の代表例

表 2.3 飲料水のデータ (表 2.2) に対する NCA の解

(A) 成分負荷量 A

	成分 1	成分 2
アルコール	0.86	−0.40
糖分	0.48	0.72
炭酸	−0.65	0.35
原料	−0.51	−0.68
価格	0.74	−0.47
味	0.36	0.78
色	−0.69	0.10

(B) カテゴリー得点 q_{jk}

アルコール	
無	−1.11
弱	−0.77
中	0.73
強	1.05
極強	1.25

糖分	
無	−0.84
加糖	1.20

炭酸	
無	−0.74
炭酸	1.35

原料	
人工	−1.76
果実	0.46
穀物	0.99
香草	−0.80

価格	
安価	−1.54
中価	−0.80
高価	0.92
極高	0.92

味	
ビター	−1.10
ドライ	−1.00
甘	−0.85
極甘	1.00

色	
無色	−1.19
黄	0.97
茶	0.70
薄赤	−1.47
赤	−0.23

表 2.3(A) に成分負荷行列 A の解を，(B) にカテゴリー得点 q_{jk} の解を示す．先に (B) に着目しよう．順序制約 (2.20) を課した価格の解を見ると，高価と極高の q_{jk} は同じであり，両カテゴリーの区別はつかないことを示している．また，名義変数の味の解を見ると，ビター・ドライ・甘い・極甘の順で値が高いが，極甘を除く 3 つのカテゴリーの得点が類似するのに対して，極甘だけは非常に大きい値を示して，このカテゴリーだけが隔たることがうかがえる．こうした q_{jk} の値で満たされた表 2.2(B) に対する 2 成分の負荷量が表 2.3(A) であるが，第 1 成分はアルコールと価格の成分，第 2 成分は糖分の成分と解釈できる．

図 2.3(A) は，主成分得点行列 F の各行 $f_i^\top$ $(i = 1, \ldots, n)$ の解に基づく個体の散布図である．一方，図 2.3(B) には，負荷行列 A (表 2.2(A)) の各行 $a_j^\top$ $(j = 1, \ldots, p)$ の方向に伸びる軸が描かれ，その軸上の座標 q_{jk} の位置つまり $q_{jk}a_j$ と表せる位置にカテゴリー $k (= 1, \ldots, K_j)$ が点

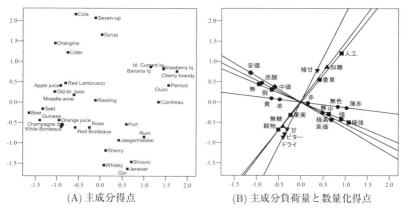

図 2.3　飲料水データ (表 2.2) に対する NCA の解の空間表現

としてプロットされている．この図が描ける根拠は，ここまでとは異なる NCA の定式化にある (Gifi, 1981, 1990)．その定式化は，図 2.3(A) のような個体の点 $\mathbf{f}_1,\ldots,\mathbf{f}_n$ と図 2.3(B) のカテゴリーの点 $q_{jk}\mathbf{a}_j$ は，同一の空間内にあるという想定から出発する．ここで，「個体 i が変数 j について示したカテゴリー x_{ij} の点 $q_{j,x_{ij}}\mathbf{a}_j$ と，個体 i の点 $\mathbf{f}_i$ は近くにあるべき」という仮定（等質性の仮定）をおく．例えば，表 2.2 の個体 1 (Syrup) の変数 6（味）のカテゴリーは $x_{16}=4$（極甘）なので，点 $q_{64}\mathbf{a}_6$ と点 $\mathbf{f}_1$ とは近くにあるべきと仮定される．この仮定からの逸脱を表す $q_{j,x_{ij}}\mathbf{a}_j$ と $\mathbf{f}_i$ の平方距離の総和

$$h(\mathbf{F},\mathbf{A},\mathbf{Q}) = \sum_{i=1}^{n}\sum_{j=1}^{p}||q_{j,x_{ij}}\mathbf{a}_j - \mathbf{f}_i||^2$$
$$= \sum_{i=1}^{n}\sum_{j=1}^{p}\left|\left|\sum_{k=1}^{K_j}g_{ijk}q_{jk}\mathbf{a}_j - \mathbf{f}_i\right|\right|^2 = \sum_{j=1}^{p}||\mathbf{G}_j\mathbf{q}_j\mathbf{a}_j^\top - \mathbf{F}||^2 \quad (2.21)$$

が，前項までとは異なる定式化の NCA の目的関数である．ここで，定義 (2.8) より $q_{j,x_{ij}} = \sum_k g_{ijk}q_{jk}$ となることを用いている．制約条件 (2.11), (2.12) のもとでの関数 (2.21) の最小化と最小二乗基準 (2.10) の最小化の

同等性は，条件 (2.11) を考慮すると，関数 (2.21) が $n\mathrm{tr}\mathbf{A}\mathbf{A}^\top -$ $2\mathrm{tr}\sum_j \mathbf{q}_j^\top \mathbf{G}_j^\top \mathbf{F}\mathbf{a}_j + nmp$ と書き換えられる一方，基準 (2.10) は $np -$ $2\mathrm{tr}\sum_j \mathbf{q}_j^\top \mathbf{G}_j^\top \mathbf{F}\mathbf{a}_j + n\mathrm{tr}\mathbf{A}\mathbf{A}^\top$ と書き換えられ，パラメータに関わる部分は，いずれも同じであることから証明される．ここで，$\mathrm{tr}\mathbf{A}\mathbf{A}^\top$ は，$\mathbf{A}\mathbf{A}^\top$ の対角要素の和を表す．

前項の定式化によれば，図 2.3(A) と (B) は 1 つの図にすべきであるが，煩雑になるため，2 つに分けた．(A) と (B) は重ね合わせれば，個体とカテゴリーの関係が視覚的にわかる．また，図 2.3(B) だけからも，変数間関係やカテゴリー間関係が視覚的に把握できる．なお，2.2.2 項の冒頭に記した PRINCIPALS は，前項までの定式化に基づくのに対して，PRINCALS は，主に関数 (2.21) を目的関数とした定式化に基づく．

2.3 交互最小二乗法にできることとその評価法

2.3.1 最小二乗基準の凸性と大域・局所解

交互最小二乗法を含め，反復解法によって求められる解の性質を論じる上で，基本になる事項は，目的関数がパラメータの凸関数か否かの区別，および，大域解と局所解の区別である．これらの 2 種の区別を本項で論じる．

図 2.4(A) は，ある関数 $\phi(\boldsymbol{\theta})$ がパラメータベクトル $\boldsymbol{\theta}$ に対して示す値を曲線で例示する．$\boldsymbol{\theta}$ は，一般に多次元のベクトルであるが，図の横軸のように，模式的に 1 次元の線で描いている．図 2.4(A) の $\phi(\boldsymbol{\theta})$ の特徴は，下限があり，ジグザクな部分はないことである．こうした関数は凸関数であるといわれる．凸関数を正確に定義すると，$q \times 1$ のベクトル $\boldsymbol{\theta}$ の関数 $\phi(\boldsymbol{\theta})$ は，任意の $q \times 1$ のベクトル $\boldsymbol{\theta}_1$，$\boldsymbol{\theta}_2$，および，0 以上 1 以下の任意の α に対して，

$$\phi(\alpha\boldsymbol{\theta}_1 + (1-\alpha)\boldsymbol{\theta}_2) \leq \alpha\phi(\boldsymbol{\theta}_1) + (1-\alpha)\phi(\boldsymbol{\theta}_2) \qquad (2.22)$$

を満たすとき，凸であるといわれる (例えば，Lange, 2010)．この式を視

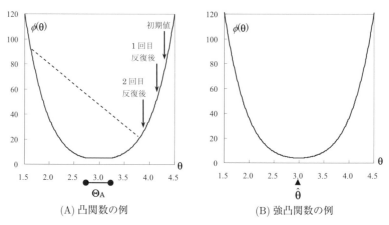

図 2.4　凸関数の例：パラメータ $\boldsymbol{\theta}$ に対する凸関数 $\phi(\boldsymbol{\theta})$ の値 (縦軸)

覚的に例示したのが図 2.4(A) の破線であり，この破線のように，関数上の任意の 2 点を結ぶ直線が，関数の値を下回らないことを，式 (2.22) は意味する．ここで，図 2.4(A) の矢印↓に着目しよう．最小二乗基準が単調減少する交互最小二乗法では，反復のたびに，最小値に近づき，いずれは最小値に収束すると考えられる．ただし，図 2.4(A) の $\boldsymbol{\theta} \in \boldsymbol{\Theta}_A$ の領域では $\phi(\boldsymbol{\theta})$ の値が同じであることに着目しよう．この区間では，式 (2.22) の等号が成り立つ．このことは，図 2.4(A) の $\phi(\boldsymbol{\theta})$ が最小化すべき関数であるとすると，$\boldsymbol{\theta} \in \boldsymbol{\Theta}_A$ の領域内の $\boldsymbol{\theta}$ はすべて解である，つまり，解は一意ではないことを表す．

式 (2.22) を満たす凸関数の中でも，式 (2.22) から等号を除いた式を満たすものを，特に，強凸関数という．すなわち，前段の凸関数の定義を強め，任意の $\boldsymbol{\theta}_1 \neq \boldsymbol{\theta}_2$ に対して，

$$\phi(\alpha\boldsymbol{\theta}_1 + (1-\alpha)\boldsymbol{\theta}_2) < \alpha\phi(\boldsymbol{\theta}_1) + (1-\alpha)\phi(\boldsymbol{\theta}_2) \tag{2.23}$$

を満たす関数 $\phi(\boldsymbol{\theta})$ は，強凸関数とよばれる．強凸関数の例を図 2.4(B) に描いたが，図 2.4(A) と異なり，関数が最小となるのは，$\boldsymbol{\theta} = \hat{\boldsymbol{\theta}}$ のときに限られる（$\boldsymbol{\theta} = \hat{\boldsymbol{\theta}}$ の左右が平坦に見えるのは，これ以上，精度のよいグラフが描けないことによる）．

さて，最小化すべき最小二乗基準が凸でないケースを考えよう．凸でな

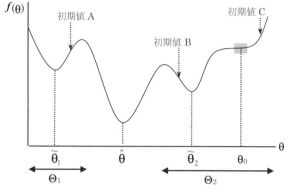

図 2.5 局所解と大域解

い最小二乗基準 $f(\boldsymbol{\theta})$ の例を図 2.5 に示す．図 2.5 の横軸の左端から右端までが，パラメータ $\boldsymbol{\theta}$ が定義される全領域 Θ を表すとすると，$\boldsymbol{\theta} = \hat{\boldsymbol{\theta}}$ のときに $f(\boldsymbol{\theta})$ は最小になる．つまり，$\hat{\boldsymbol{\theta}}$ が求めるべき解であることがわかる．ここで，交互最小二乗法によって，必ずしも $\hat{\boldsymbol{\theta}}$ を求めることはできないことに着目しよう．例えば，$\boldsymbol{\theta}$ の初期値を図 2.5 の A の位置に設定して，反復を繰り返すと，$\tilde{\boldsymbol{\theta}}_1$ に収束すると考えられる．この $\tilde{\boldsymbol{\theta}}_1$ は局所解（local minimizer），$f(\tilde{\boldsymbol{\theta}}_1)$ は局所最小（local minimum）とよばれる．この呼称は，パラメータ $\boldsymbol{\theta}$ の領域を Θ_1 に限定すると，$f(\tilde{\boldsymbol{\theta}}_1)$ が最小であることによる．以上の例から察せられるように，局所解は，

$$f(\tilde{\boldsymbol{\theta}}_l) \leq f(\boldsymbol{\theta}) \quad (\boldsymbol{\theta} \in \Theta_l \subset \Theta) \tag{2.24}$$

を満たす $\tilde{\boldsymbol{\theta}}_l$ と定義される．添え字がつくのは，局所解は 1 つとは限らず，例えば，図 2.5 では，$\tilde{\boldsymbol{\theta}}_2$ も局所解である．こうした解に対して，$\hat{\boldsymbol{\theta}}$ を大域解（global minimizer），$f(\hat{\boldsymbol{\theta}})$ を大域最小（global minimum）とよぶ．なお，初期値を図 2.5 の C の位置に設定したとき，$\boldsymbol{\theta}_0$ が解と見なされる可能性もある．その理由は，背景が灰色の部分で $f(\boldsymbol{\theta})$ は平坦であり，反復前後でその値が変わらずに，収束したと見なされるからである．

2.3.2 多重スタート法とシミュレーション

前項に記したように，交互最小二乗法によって，最小二乗基準を最小化

する大域解にたどり着ける保障はなく，分析手法の解が一意か否かの検証が必要になることがわかるが，流布している手法の中にも，解の一意性を数学的に証明することが容易ではなく，その証明がいまだ得られていないものもある．しかし，こうした問題に対して，計算機が進歩した昨今，「数学」ではなく「数値」によって対処する方法がある．

　局所解を最適解として選ぶ可能性を低減させ，大域解を選ぶ可能性を高める方法に，**多重スタート法**（multiple-start procedure）がある．これは，アルゴリズムを複数回実行して，得られた複数の解の中から，最良の解を選ぶ手続きである．ただし，複数回の実行が同じパラメータの初期値からのスタートであれば，同じ解にたどり着くので，複数回実行の意味はなく，各実行において，異なる初期値からアルゴリズムをスタートさせる．ここで，最良の解とは，解に対応する最小二乗基準の値が最小であることで定義される．すなわち，多重スタート法は，$\boldsymbol{\theta}$ の初期値を $\boldsymbol{\theta}_{[s]}$ ($s=1,\ldots,S$) として実行したアルゴリズムが与える解を $\tilde{\boldsymbol{\theta}}_{[s]}$ と表すと，

$$\tilde{\boldsymbol{\theta}} = \arg\min_{1\leq s\leq S} f(\tilde{\boldsymbol{\theta}}_{[s]}) \tag{2.25}$$

を解と見なす方法である．こうして得られる $\tilde{\boldsymbol{\theta}}$ が大域解である保障はないが，アルゴリズムの実行回数 S が多いほど，$\tilde{\boldsymbol{\theta}}$ が局所解である確率は下がる．ここで，複数の初期値 $\boldsymbol{\theta}_{[1]},\ldots,\boldsymbol{\theta}_{[S]}$ は互いに異なる必要があるが，それらを分析者自身が考え出すのは容易ではなく，乱数が利用されることが多い．あるいは，$\boldsymbol{\theta}_{[1]},\ldots,\boldsymbol{\theta}_{[S]}$ のいくつかを分析者自身が考え，他は乱数を利用する方法も使われる．

　以上の多重スタート法によって，局所解への感度（sensitivity），つまり局所解の発生比率も評価できる．式 (2.25) が大域解である保障はないが，これを大域解 $\hat{\boldsymbol{\theta}}$ と見なして，

$$f(\tilde{\boldsymbol{\theta}}_{[s]}) - f(\tilde{\boldsymbol{\theta}}) > 小さい正の定数 \tag{2.26}$$

によって局所解を定義することで，S 個の解の中での局所解の発生比率を評価できる．また，解 $\tilde{\boldsymbol{\theta}}_{[s]}$ と $\tilde{\boldsymbol{\theta}}$ の隔たり $\mathrm{Dis}(\tilde{\boldsymbol{\theta}}_{[s]},\tilde{\boldsymbol{\theta}})$ を定義して，

2.3 交互最小二乗法にできることとその評価法

$$\mathrm{Dis}(\tilde{\boldsymbol{\theta}}_{[s]}, \tilde{\boldsymbol{\theta}}) > \text{小さい正の定数} \qquad (2.27)$$

を評価することにも意義がある．それは，式 (2.26) を導かないこと，つまり，$f(\tilde{\boldsymbol{\theta}}_{[s]}) = f(\tilde{\boldsymbol{\theta}})$ であるのに，$\mathrm{Dis}(\tilde{\boldsymbol{\theta}}_{[s]}, \tilde{\boldsymbol{\theta}}) > 0$ の解 $\tilde{\boldsymbol{\theta}}_{[s]}$ が生じれば，これは解が一意でないことを示唆する．

さて，交互最小二乗法が大域解を与えることを，数学的に証明することは難しいが，データ行列 $\mathbf{X}$ が

$$\mathbf{X} = \mathbf{M}(\boldsymbol{\theta}) + \tau \mathbf{E} \qquad (2.28)$$

とモデル化できるときは，シミュレーションによって評価できる．ここで，$\mathbf{E}$ は誤差行列，τ は誤差の大きさ（ノイズレベル）を表し，$\mathbf{M}(\boldsymbol{\theta})$ がパラメータ $\boldsymbol{\theta}$ の関数であるモデル部の行列である．シミュレーションでは，式 (2.28) の $\boldsymbol{\theta}$ を特定のベクトル $\boldsymbol{\theta}_\mathrm{true}$ に設定して，τ を適当な値に定め，$\mathbf{E}$ の要素を乱数で生成し，式 (2.28) からデータ行列を生成させる．そして，分析で得られた解 $\tilde{\boldsymbol{\theta}}$ と $\boldsymbol{\theta}_\mathrm{true}$ との隔たり $\mathrm{Dis}(\tilde{\boldsymbol{\theta}}, \boldsymbol{\theta}_\mathrm{true})$ を評価し，さほど隔たりがなければ，パラメータの真値を再現できたとする．これは，大域解にたどり着けたことを示唆する．解どうしの隔たりとして，RMSE（root mean square error）

$$\mathrm{Dis}(\tilde{\boldsymbol{\theta}}, \boldsymbol{\theta}_\mathrm{true}) = \frac{1}{\sqrt{q}} ||\tilde{\boldsymbol{\theta}} - \boldsymbol{\theta}_\mathrm{true}|| \qquad (2.29)$$

がよく使われる．ここで，q は $\boldsymbol{\theta}$ の要素数である．より直感的にわかりやすい指標は，平均絶対誤差

$$\mathrm{Dis}(\tilde{\boldsymbol{\theta}}, \boldsymbol{\theta}_\mathrm{true}) = \frac{1}{q} |\tilde{\boldsymbol{\theta}} - \boldsymbol{\theta}_\mathrm{true}|_1 \qquad (2.30)$$

である．ここで，$|\boldsymbol{\theta}|_1$ は，ベクトル $\boldsymbol{\theta}$ の要素の絶対値の総和を表す．(2.29) や (2.30) の定義は，定義 (2.27) の左辺に使われる．

式 (2.28) の τ を 0 とするエラー・フリー（error free）のシミュレーションを行った場合に，式 (2.29) や式 (2.30) がほぼ 0 にならなければ，解法そのものに誤りがあるか，そうでなければ，$\tilde{\boldsymbol{\theta}}$ が局所解であると考えられる．エラー・フリーでない場合には，τ の増大とともに式 (2.29) や式

(2.30) の値も高まるが，τ の値を設定するための指針となるのが，データの平方和に対する誤差平方和の比

$$\rho = \tau^2 \frac{||\mathbf{E}||^2}{||\mathbf{X}||^2} \tag{2.31}$$

である．すなわち，式 (2.28) の両辺の平方は $||\mathbf{X}||^2 = ||\mathbf{M}(\boldsymbol{\theta})||^2 + \tau^2 ||\mathbf{E}||^2 + 2\tau \mathrm{tr}\mathbf{E}^\top \mathbf{M}(\boldsymbol{\theta})$ と展開されるが，ここで，$\mathrm{tr}\mathbf{E}^\top \mathbf{M}(\boldsymbol{\theta}) \cong 0$，つまり，$||\mathbf{X}||^2 \cong ||\mathbf{M}(\boldsymbol{\theta})||^2 + \tau^2 ||\mathbf{E}||^2$ を想定して，これの近似記号 $\cong$ を等号に変えた式を式 (2.31) の右辺の分母に代入すると，$\rho = \tau^2 \frac{||\mathbf{E}||^2}{||\mathbf{M}(\boldsymbol{\theta})||^2 + \tau^2 ||\mathbf{E}||^2} = \left(\frac{||\mathbf{M}(\boldsymbol{\theta})||^2}{\tau^2 ||\mathbf{E}||^2} + 1 \right)^{-1}$ が得られる．この式の両辺を逆数に変換すると，$\rho^{-1} = \frac{||\mathbf{M}(\boldsymbol{\theta})||^2}{\tau^2 ||\mathbf{E}||^2} + 1$ が与えられ，これを書き換えた $\frac{||\mathbf{M}(\boldsymbol{\theta})||^2}{\tau^2 ||\mathbf{E}||^2} = \frac{1}{\rho} - 1$ の両辺を，再び逆数に変換すると，$\frac{\tau^2 ||\mathbf{E}||^2}{||\mathbf{M}(\boldsymbol{\theta})||^2} = \left(\frac{1}{\rho} - 1 \right)^{-1} = \left(\frac{1 - \rho}{\rho} \right)^{-1} = \frac{\rho}{1 - \rho}$ が得られる．この式より，$\tau^2 = \frac{\rho}{1 - \rho} \frac{||\mathbf{M}(\boldsymbol{\theta})||^2}{||\mathbf{E}||^2}$ が導かれ，τ を非負とすると，

$$\tau = \sqrt{\frac{\rho}{1 - \rho}} \frac{||\mathbf{M}(\boldsymbol{\theta})||}{||\mathbf{E}||} \tag{2.32}$$

が与えられる．パラメータ $\boldsymbol{\theta}$ を $\boldsymbol{\theta}_{\mathrm{true}}$ に設定した後，望みの比率 (2.31) に対応する τ が式 (2.32) によって求められる．なお，$\mathbf{E}$ の要素として，標準正規乱数がよく使われる．

2.4 統計解析法への応用

2.4.1 k 平均クラスタリング

観測値が似ている個体どうしは同じ群（クラスター）に属し，似ていない個体どうしは異なる群に属するように，個体の群を構成するための統計手法は，クラスター分析と総称される (佐藤, 2009) が，その中でも代表的な手法に，k 平均クラスタリング（KMC: k-means clustering）がある (MacQueen, 1967)．KMC は，n 個体 × p 変数の数量的なデータ行列

2.4 統計解析法への応用

$\mathbf{X} = [\mathbf{x}_1, \ldots, \mathbf{x}_n]^\top$ から,個体のクラスターへのメンバーシップを表す n 個体 × K クラスターの 2 値行列 $\mathbf{G} = [\mathbf{g}_1, \ldots, \mathbf{g}_n]^\top$,および,各クラスターの特徴を表す K クラスター × p 変数の行列 $\mathbf{C} = [\mathbf{c}_1, \ldots, \mathbf{c}_K]^\top$ を求める方法である.ここで,個体 i に対応する $\mathbf{G}$ の i 行 $\mathbf{g}_i^\top = [g_{i1}, \ldots, g_{ik}, \ldots, g_{iK}]$ の要素は,

$$g_{ik} = \begin{cases} 1 & (\text{個体}\,i\,\text{がクラスター}\,k\,\text{に属するとき}) \\ 0 & (\text{該当しないとき}) \end{cases} \tag{2.33}$$

のように,1 つの要素だけが 1 で,他は 0 である.以上の $\mathbf{G}$ と $\mathbf{C}$ を求めるために,KMC では,最小二乗基準

$$f(\mathbf{G}, \mathbf{C}) = ||\mathbf{X} - \mathbf{G}\mathbf{C}||^2 \tag{2.34}$$

が最小化される.$\mathbf{G} = (g_{ik})$ は,要素が (2.8) で定義される 2.2.2 項のメンバーシップ行列 $\mathbf{G}_j = (g_{ijk})$ の j が 1 つだけに限定されて,$\mathbf{G} = \mathbf{G}_1$ となったものであるが,メンバーシップ行列が,2.2.2 項の方法ではデータとして観測されるのに対して,KMC では推定すべきパラメータとなる.

KMC の解は,次のように,$\mathbf{G}$ と $\mathbf{C}$ を交互推定するアルゴリズムで求められる.まず,所与の $\mathbf{G}$ に対して最小二乗基準 (2.34) を最小にする $\mathbf{C}$ を求める問題は,多変量回帰分析の問題であり,

$$\mathbf{C} = \mathbf{D}^{-1}\mathbf{G}^\top\mathbf{X} \tag{2.35}$$

によって与えられる.ここで,$\mathbf{D} = \mathbf{G}^\top\mathbf{G}$ は第 k 対角要素 d_k が群 k に属する個体の数であり,$\mathbf{C}$ の第 k 行は,$\mathbf{c}_k^\top = d_k^{-1}\sum_i g_{ik}\mathbf{x}_i^\top$,つまり,群 k に属する個体の観測値ベクトルの平均である.次に,所与の $\mathbf{C}$ に対して最適な $\mathbf{G}$ を求めるため,条件 (2.33) より,最小二乗基準 (2.34) が $\sum_{i=1}^{n} \mu_i(\mathbf{g}_i)$,ただし,

$$\mu_i(\mathbf{g}_i) = \sum_{k=1}^{K} g_{ik}||\mathbf{x}_i - \mathbf{c}_k||^2 \tag{2.36}$$

と書き換えられることに着目する．このことは，個体 i $(=1,\ldots,n)$ ごとに関数 (2.36) を最小にする $\mathbf{g}_i$ を求めればよいことを表す．この最小化は，$\mathbf{g}_i$ の要素を

$$g_{ik} = \begin{cases} 1 & (\|\tilde{\mathbf{x}}_i - \tilde{\mathbf{c}}_k\|^2 = \min_{1 \leq l \leq K} \|\tilde{\mathbf{x}}_i - \tilde{\mathbf{c}}_l\|^2 \text{のとき}) \\ 0 & (\text{上記以外のとき}) \end{cases} \tag{2.37}$$

とおけば達成される．以上より，KMC のアルゴリズムは，次のようにまとめられる．

[S1]　$\mathbf{G}$ を初期値に設定する．
[S2]　$\mathbf{G}$ を固定して，$\mathbf{C}$ を式 (2.35) のように更新する．
[S3]　$\mathbf{C}$ を固定して，$\mathbf{G}$ の各行を式 (2.37) のように更新する．
[S4]　収束していれば終了し，収束していないときは [S2] に戻る．

　以上のアルゴリズムの KMC によって，どの程度の精度でパラメータの真値を再現できるかを見るため，2.2.2 項に記したシミュレーションを行った．ここで，データ行列 (2.28) は，$\mathbf{X} = \mathbf{GC} + \alpha\mathbf{E}$ のように具体化される．$n = 10$, $p = 2$, $K = 3$ として，真の $\mathbf{G}$ と $\mathbf{C}$ は図 2.6 のように定めた上で，誤差水準 (2.31) を $\rho = 0.4$ として，式 (2.32) より τ を求めた．[S1] の初期値は，一様乱数を用いて生成した．ただし，100 回のスタートを行う多重スタート法をとった．このシミュレーションでは，式 (2.29) や式 (2.30) で差を求めるまでもなく，正分類率でパフォーマンスを評価できる．その結果，最適解の正分類率が 90% であり，誤分類は，個体 3 を群 1 ではなく群 3 に分類する誤りに限られた．
　さて，パラメータ $\mathbf{G} = (g_{ik})$ の要素は 0 か 1 で連続量ではないため，最小二乗基準 (2.34) は，そもそも，凸か否かも問えない関数であり，KMC が局所解を与えやすいことは直感的に予想され，経験的にも知られている．事実，多重スタートが与える 100 組の解のうち，局所解は 63 個であった．これらの解の中で，正分類率は，9 個の解で 50%，12 個で 60%，5 個で 70%，37 個で 80% であった．局所解の中でも，50% と正分類率が低い解が 9/100 を占めることは，多重スタートの必要性を訴える．

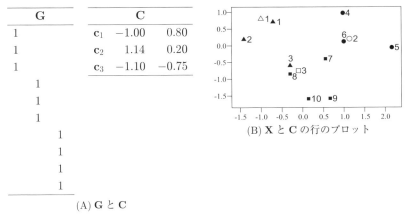

図 2.6 KMC のシミュレーションのためのパラメータの真値とデータ

2.4.2 同時プロクラステス分析

これまで紹介しなかった [a] パラメータの再表現（reparameterization）や [b] ステップ内での反復計算 といった技法を使う Adachi (2009) の**同時プロクラステス分析**（JPA: joint Procrustes analysis）を，本項で取り上げる．この方法では，4 次方程式を解くという，統計解析では稀有なステップが使われる．

JPA を導入する前に，データ行列 $\mathbf{X}$ $(n \times p)$ の PCA によって，$||\mathbf{X} - \mathbf{FA}^\top||^2$ を最小にする $\mathbf{F}$ $(n \times m)$, $\mathbf{A}$ $(p \times m)$（ただし，$m \le \min(n, p)$）を求められることを思い出そう．ここで，$\mathbf{FA}^\top$ の解は一意に定まるが，$\mathbf{FA}^\top = \mathbf{FSS}^{-1}\mathbf{A}^\top$ より $\mathbf{FS}$ や $\mathbf{AS}^{\top-1}$ も $\mathbf{F}$, $\mathbf{A}$ の解と見なせる．こうした不定性をなくすため，式 (2.11) のような制約がおかれるが，後述するように，制約をおかず，$\mathbf{FS}$, $\mathbf{AS}^{\top-1}$ がターゲット行列 $\mathbf{F}_\mathrm{T}$ $(n \times m)$, $\mathbf{A}_\mathrm{T}$ $(p \times m)$ を近似するような $\mathbf{S}$ を求めたいケースがある．そこで，所与の定数 α と β について，

$$f(\mathbf{S}) = \alpha ||\mathbf{F}_\mathrm{T} - \mathbf{FS}||^2 + \beta ||\mathbf{A}_\mathrm{T} - \mathbf{AS}^{\top-1}||^2 \qquad (2.38)$$

を最小にする $m \times m$ の正則行列 $\mathbf{S}$ を求める．これが JPA である．ここで，定数は $\alpha = (nm)^{-1}$, $\beta = (pm)^{-1}$ として，右辺の 2 項をターゲッ

トからの平均 2 乗誤差とするのが妥当な方法の 1 つと考えられ，本項末尾の適用例もこの設定を用いる．パラメータ行列 $\mathbf{S}$ とその転置の逆行列 $\mathbf{S}^{\top-1}$ の関数である (2.38) の最小化法を見出すため，いかなる行列も特異値分解（SVD: singular value decomposition）できることを利用して，$\mathbf{S}$ をその SVD である $\mathbf{P}\mathbf{\Lambda}\mathbf{Q}^\top$ によって再表現する．ここで，

$$\mathbf{PP}^\top = \mathbf{Q}^\top \mathbf{Q} = \mathbf{I}_m, \quad \mathbf{\Lambda} \in m \times m \text{ の対角行列} \tag{2.39}$$

である．$\mathbf{S} = \mathbf{P}\mathbf{\Lambda}\mathbf{Q}^\top$ を式 (2.38) に代入すると，

$$f(\mathbf{P}, \mathbf{\Lambda}, \mathbf{Q}) = \alpha \|\mathbf{F}_\mathrm{T} - \mathbf{F}\mathbf{P}\mathbf{\Lambda}\mathbf{Q}^\top\|^2 + \beta\|\mathbf{A}_\mathrm{T} - \mathbf{A}\mathbf{P}\mathbf{\Lambda}^{-1}\mathbf{Q}^\top\|^2 \tag{2.40}$$

と表せる．これを最小にする $\mathbf{P}$, $\mathbf{\Lambda}$, $\mathbf{Q}$ を，JPA では，次の 3 段落に記す交互最小二乗法によって求める．

まず，$\mathbf{P}$ と $\mathbf{Q}$ を固定して $\mathbf{\Lambda}$ を求めるステップでは，条件 (2.39) を用いて，式 (2.40) が

$$f(\mathbf{\Lambda}|\mathbf{P}, \mathbf{Q}) = \mathrm{tr}\mathbf{D}_1\mathbf{\Lambda}^2 - \mathrm{tr}\mathbf{D}_2\mathbf{\Lambda} - \mathrm{tr}\mathbf{D}_3\mathbf{\Lambda}^{-1} + \mathrm{tr}\mathbf{D}_4\mathbf{\Lambda}^{-2} + c$$
$$= \sum_{l=1}^m \eta_l(\lambda_l) + c \tag{2.41}$$

ただし，

$$\eta_l(\lambda_l) = d_{1l}\lambda_l^2 - d_{2l}\lambda_l - d_{3l}\frac{1}{\lambda_l} + d_{4l}\frac{1}{\lambda_l^2} \tag{2.42}$$

と書き換えられることに着目する．ここで，c は $\mathbf{\Lambda}$ に関係ない項であり，正方行列 $\mathbf{M}$ の非対角要素を 0 と変換した対角行列を $\mathrm{diag}(\mathbf{M})$ と表すと，$\mathbf{D}_1 = \alpha\mathrm{diag}(\mathbf{P}^\top\mathbf{F}^\top\mathbf{F}\mathbf{P})$, $\mathbf{D}_2 = 2\alpha\mathrm{diag}(\mathbf{P}^\top\mathbf{F}^\top\mathbf{F}_\mathrm{T}\mathbf{Q})$, $\mathbf{D}_3 = 2\beta\mathrm{diag}(\mathbf{P}^\top\mathbf{A}^\top\mathbf{A}_\mathrm{T}\mathbf{Q})$, $\mathbf{D}_4 = \beta\mathrm{diag}(\mathbf{P}^\top\mathbf{A}^\top\mathbf{A}\mathbf{P})$ であり，関数 (2.42) の d_{sl} $(s = 1, \ldots, 4)$ は $\mathbf{D}_s$ の対角成分である．式 (2.41) より，本ステップでは，各 l $(=1, \ldots, m)$ について，関数 (2.42) を最小にする λ_l を求めればよい．この解が満たすべき必要条件は，関数 (2.42) の導関数の λ_l^3 倍を $g_l(\lambda_l) = \lambda_l^3 \dfrac{d\eta_l(\lambda_l)}{d\lambda_l}$ とおくと，$g_l(\lambda_l) = 0$ である．ここで，

2.4 統計解析法への応用

$$g_l(\lambda_l) = 2d_{1l}\lambda_l^4 - d_{2l}\lambda_l^3 + d_{3l}\lambda_l - 2d_{4l} \tag{2.43}$$

である．$g_l(\lambda_l) = 0$ を満たす λ_l が少なくとも 2 つ存在することは，$g_k(0) < 0$，$\lim_{\lambda_l \to \infty} g_k(\lambda_k) = \infty$，$\lim_{\lambda_l \to -\infty} g_k(\lambda_k) = \infty$ となることから確認できる (Adachi, 2009, p.670)．4 次方程式の解は最大 4 個あり，フェラーリ（Ferrari）の解法によって解析的に求められる．それらを λ_{lu}^* ($u = 1,2,3,4$) と表すと，λ_l の解は，

$$\lambda_l = \arg\min_{1 \leq u \leq 4} g_l(\lambda_{lu}^*) \tag{2.44}$$

で与えられる．なお，4 次方程式は解析的に解が求められる最高次数の方程式でありながら (志賀, 1994)，解法を詳述した英語文献を見出しにくいが，幸いにも邦書の森 (1990) がコンピュータ・プログラムを掲載している．

次に，$\mathbf{P}$ と $\mathbf{\Lambda}$ を固定して $\mathbf{Q}$ を求めるステップでは，$\mathbf{H} = [\alpha^{1/2}(\mathbf{FP\Lambda})^\top, \beta^{1/2}(\mathbf{AP\Lambda}^{-1})^\top]^\top$，$\mathbf{Y} = [\alpha^{1/2}\mathbf{F}_\mathrm{T}^\top, \beta^{1/2}\mathbf{A}_\mathrm{T}^\top]^\top$ と定義すると，最小二乗基準 (2.40) が $f(\mathbf{Q}|\mathbf{P},\mathbf{\Lambda}) = ||\mathbf{HQ}^\top - \mathbf{Y}||^2$ と書き換えられることに着目する．条件 (2.39) の $\mathbf{Q}^\top\mathbf{Q} = \mathbf{I}_m$ のもとで $f(\mathbf{Q}|\mathbf{P},\mathbf{\Lambda})$ を最小化することは，**直交プロクラステス回転**とよばれ (Gower, and Dijksterhuis, 2004)，$\mathbf{H}^\top\mathbf{Y}$ の SVD を $\mathbf{H}^\top\mathbf{Y} = \mathbf{L\Delta K}^\top$ と定義すると，

$$\mathbf{Q} = \mathbf{KL}^\top \tag{2.45}$$

で与えられる．

最後に，$\mathbf{Q}$ と $\mathbf{\Lambda}$ を固定して $\mathbf{P}$ を求めるステップが残る．この $\mathbf{P}$ は解析的には求められないが，最小二乗基準 (2.40) が $f(\mathbf{P}|\mathbf{\Lambda},\mathbf{Q}) = c^* - 2\mathrm{tr}\mathbf{CP} + \mathrm{tr}\mathbf{C_F P\Lambda}^2\mathbf{P}^\top + \mathrm{tr}\mathbf{C_A P\Lambda}^{-2}\mathbf{P}^\top$ と書き換えられることに着目すれば，既存の反復解法が利用できることがわかる．ここで，c^* は $\mathbf{P}$ に無関係な項，$\mathbf{C} = \alpha\mathbf{\Lambda Q}^\top\mathbf{F}_\mathrm{T}^\top\mathbf{F} + \beta\mathbf{\Lambda}^{-1}\mathbf{Q}^\top\mathbf{A}_\mathrm{T}^\top\mathbf{A}$，$\mathbf{C_F} = \alpha\mathbf{F}^\top\mathbf{F}$，$\mathbf{C_A} = \beta\mathbf{A}^\top\mathbf{A}$ である．Kiers, and ten Berge (1992) は，現時点での $\mathbf{P}$ を

$$\mathbf{P}_\mathrm{new} = \mathbf{UV}^\top \tag{2.46}$$

---**同時プロクラステス分析**---

[S1] $\mathbf{S} = \mathbf{P}\mathbf{\Lambda}\mathbf{Q}^\top$ を初期値に設定する．

[S2] $l = 1, \ldots, m$ について解 (2.44) を求める．

[S3] 関数 (2.36) を求める．

[S4] $\mathbf{P}$ を式 (2.46) のように更新することを R 回繰り返す．

[S5] 収束していれば $\mathbf{S} = \mathbf{P}\mathbf{\Lambda}\mathbf{Q}^\top$ を解とし，収束していないときは [S2] に戻る．

図 2.7 同時プロクラステス分析のアルゴリズム

$\mathbf{X}_1$

	1. 美	2. 明	⋯	9. 熱
1. 茶	−2	−2	⋯	1
2. 黄緑	1	0	⋯	0
3. 水	2	1	⋯	−2
⋮	⋮	⋮		⋮
10. 桃	3	1	⋯	1
11. 黄	2	2	⋯	1

$\mathbf{X}_{30}$

	1. 美	2. 明	⋯	9. 熱
1. 茶	−2	−2	⋯	0
2. 黄緑	2	2	⋯	0
3. 水	3	3	⋯	0
⋮	⋮	⋮		⋮
10. 桃	2	2	⋯	−1
11. 黄	1	2	⋯	1

図 2.8 評定者 k から観測された色 × 形容語の評定値の行列 $\mathbf{X}_k$ ($k = 1, \ldots, 30$)

と更新すれば，$f(\mathbf{P}^{[r]}|\mathbf{\Lambda}, \mathbf{Q}) \geq f(\mathbf{P}_\text{new}|\mathbf{\Lambda}, \mathbf{Q})$ のように基準 (2.40) を減少させ得ることを見出している．ここで，右辺の $\mathbf{U}$, $\mathbf{V}$ は，$\mathbf{Z} = \rho_1 \mathbf{P}^{(r)} \mathbf{\Lambda}^2 - \mathbf{C_F} \mathbf{P}^{(r)} \mathbf{\Lambda}^2 + \rho_2 \mathbf{P}^{(r)} \mathbf{\Lambda}^{-2} - \mathbf{C_A} \mathbf{P}^{(r)} \mathbf{\Lambda}^{-2} + \mathbf{C}^\top$ の SVD である $\mathbf{Z} = \mathbf{U}\mathbf{\Delta}\mathbf{V}^\top$ から与えられ，ρ_1 および ρ_2 は，それぞれ，$\mathbf{C_F}$ および $\mathbf{C_A}$ の最大固有値である．更新式 (2.46) の導出は，Kiers, and ten Berge (1992) を参照されたい．この論文には，$f(\mathbf{P}|\mathbf{\Lambda}, \mathbf{Q})$ を特殊ケースとした $\mathbf{P}$ の関数を最小化する反復解法が提示されている．なお，このステップで，式 (2.46) による更新を収束するまで繰り返す必要はなく，更新を数回（R 回）繰り返して，式 (2.40) をある程度減少させ得る $\mathbf{P}$ を見出すだけで構わない．Adachi (2009) では，$R = 5$ としている．以上の結果より，JPA のアルゴリズムは，図 2.7 のようにまとめられる．

JPA の発展的活用を例示するため，図 2.8 のように描かれる Adachi

2.4 統計解析法への応用

(2013) のデータに着目する．このデータは 11(色)×9(形容語) のデータ行列 $\mathbf{X}_k$ ($k = 1, \ldots, K$，ただし，$K = 30$) からなり，k は評定者に対応し，$\mathbf{X}_k$ の要素は，評定者 k が「色が形容語によってどの程度特徴づけられるか」を評定した -3〜3 の値からなる．例えば，$\mathbf{X}_{30}$ の $(3,1)$ 要素が $+3$ であることは，評定者 30 が水色をとても美しいと見なし，$\mathbf{X}_1$ の $(3,9)$ 要素が -2 であることは，評定者 1 が水色を熱くない（冷たい）色と見なしていることを表す．

各データ $\mathbf{X}_k$ に PCA を適用すると，$||\mathbf{X}_k - \mathbf{F}_k \mathbf{A}_k^\top||^2$ を最小にする $\mathbf{F}_k \mathbf{A}_k^\top$ が得られるが，$\mathbf{F}_k \mathbf{A}_k^\top = \mathbf{F}_k \mathbf{S}_k \mathbf{S}_k^{-1} \mathbf{A}_k^\top$ より，$\mathbf{F}_k \mathbf{S}_k$，$\mathbf{A}_k \mathbf{S}_k^{\top-1}$ が色・形容語の主成分を表す行列となり，$\mathbf{S}_k$ を定めなければ，異なる k ($= 1, \ldots, K$) の間で解の比較ができない．そこで，$\mathbf{F}_k \mathbf{S}_k$，$\mathbf{A}_k \mathbf{S}_k^{\top-1}$ ($k = 1, \ldots, K$) がターゲット行列 $\mathbf{F}_\mathrm{T}$，$\mathbf{A}_\mathrm{T}$ を近似するように，基準 (2.40) を拡張した最小二乗基準

$$f^*(\mathbf{S}_1, \ldots, \mathbf{S}_K, \mathbf{F}_\mathrm{T}, \mathbf{A}_\mathrm{T}) = \sum_{k=1}^{K} \{\alpha ||\mathbf{F}_\mathrm{T} - \mathbf{F}_k \mathbf{S}_k||^2 + \beta ||\mathbf{A}_\mathrm{T} - \mathbf{A}_k \mathbf{S}_k^{\top-1}||^2\} \tag{2.47}$$

を最小にする $\mathbf{S}_1, \ldots, \mathbf{S}_K$，$\mathbf{F}_\mathrm{T}$，$\mathbf{A}_\mathrm{T}$ を求めることを考える (Adachi, 2013)．ここで，ターゲット行列も未知となっているが，所与の $\mathbf{S}_1, \ldots, \mathbf{S}_K$ に対して，

$$\mathbf{F}_\mathrm{T} = \frac{1}{K} \sum_{k=1}^{K} \mathbf{F}_k \mathbf{S}_k, \quad \mathbf{A}_\mathrm{T} = \frac{1}{K} \sum_{k=1}^{K} \mathbf{A}_k \mathbf{S}_k^{-1} \tag{2.48}$$

で与えられる．したがって，各 k について図 2.7 のアルゴリズムを実行することと，式 (2.48) から $\mathbf{F}_\mathrm{T}$ と $\mathbf{A}_\mathrm{T}$ を求めることを交互に繰り返せばよい．このアルゴリズムは，次のように記される．

[S1] $\mathbf{S}_k$ ($k = 1, \ldots, K$) を初期値に設定する．
[S2] 式 (2.48) によって，$\mathbf{F}_\mathrm{T}$，$\mathbf{A}_\mathrm{T}$ を求める．
[S3] $k = 1, \ldots, K$ について，$\mathbf{S}_k = \mathrm{S}(\mathbf{F}_\mathrm{T}, \mathbf{A}_\mathrm{T}, \mathbf{F}_k, \mathbf{A}_k)$ とする．

表 2.4 色の評定データに対する一般化 JPA の解

色	$\mathbf{F}_\mathrm{T}$			形容語	$\mathbf{A}_\mathrm{T}$		
	1	2	3		1	2	3
茶	−0.42	0.44	−0.10	美しい	1.10	−0.25	0.26
黄緑	0.42	−0.32	0.02	明るい	0.72	−0.75	0.59
水	0.84	−0.31	−0.41	深い	−0.17	1.19	0.24
青	0.73	0.48	−0.31	強い	−0.13	0.68	0.68
紺	0.05	0.69	−0.29	重い	−0.56	0.95	−0.03
紫	0.10	0.71	−0.15	遠い	0.01	0.25	−0.35
緑	0.42	0.35	0.07	濁った	−1.02	0.43	0.05
赤	0.09	0.12	1.19	騒がしい	−0.77	−0.22	0.76
橙	0.11	−0.18	0.53	熱い	−0.45	−0.20	0.93
桃	0.34	−0.48	0.32	個体差		0.25	
黄	0.23	−0.38	0.51				
個体差		0.39					

[S4] 収束していれば終了し，収束していなければ [S2] に戻る．

ここで，$S(\mathbf{F}_\mathrm{T}, \mathbf{A}_\mathrm{T}, \mathbf{F}, \mathbf{A})$ は，$\mathbf{F}_\mathrm{T}$，$\mathbf{A}_\mathrm{T}$，$\mathbf{F}$，$\mathbf{A}$ を引数として，図 2.7 のアルゴリズムによって $\mathbf{S}$ を出力する関数である．以上の方法は，特に，**一般化同時プロクラステス分析（一般化 JPA）**とよばれる．

図 2.8 のデータに対する $\mathbf{F}_\mathrm{T}$，$\mathbf{A}_\mathrm{T}$ の解を表 2.4 に示す．その解釈は Adachi (2013) に譲り，表の下部の個体差に着目しよう．これは，それぞれ，

$$\frac{\sum_{k=1}^{K}||\mathbf{F}_k\mathbf{S}_k - \mathbf{F}_\mathrm{T}||^2}{\sum_{k=1}^{K}||\mathbf{F}_k\mathbf{S}_k - \mathbf{1}_n\bar{\mathbf{f}}^\top||^2}, \quad \frac{\sum_{k=1}^{K}||\mathbf{A}_k\mathbf{S}_k^{-1} - \mathbf{A}_\mathrm{T}||^2}{\sum_{k=1}^{K}||\mathbf{A}_k\mathbf{S}_k^{-1} - \mathbf{1}_p\bar{\mathbf{a}}^\top||^2} \tag{2.49}$$

を表す．ここで，$\bar{\mathbf{f}}^\top = \frac{1}{n}\mathbf{1}_n^\top \mathbf{F}_\mathrm{T}$，$\bar{\mathbf{a}}^\top = \frac{1}{p}\mathbf{1}_p^\top \mathbf{A}_\mathrm{T}$ は，それぞれ，ターゲット行列の行を平均したベクトルであり，式 (2.49) の分母は全体平方和，分子は個人差平方和を表し，その比は個人差を表す．ここで，$\mathbf{F}$ と $\mathbf{A}$ を比較すると，$\mathbf{F}$ の個人差の方が大きい．つまり，色の成分の方が，形容

語の成分より個人差が大きいことがわかる．この結果は，個人間で，形容語の意味づけよりも，色の印象の認知の仕方が相違することを示唆する．

2.4.3 行列因子分析とスパース制約

本項では，各変数の平均が 0 である n 個体 × p 変数のデータ行列を $\mathbf{X}$ と表す．**因子分析**では，図 2.9 に例示するように，p 変数の変動の多くは，より少数の $m(\leq p)$ 個の共通因子によって説明され，共通因子によっては説明されずに残る各変数に独自の変動は，独自因子によって説明されると仮定される．こうしたモデルに基づき，共通因子と変数の関係を表す因子負荷量と，各変数に独自の変動の大きさを表す独自分散が，因子分析で推定されるパラメータとなる．

因子分析にはいくつかの定式化があるが，ここでは，Sočan (2003) に記されるようにオランダの Henk A. L. Kiers が最初に提案し，それとは独立に de Leeuw (2004) も提案した定式化を取り上げる．この定式化は，最小二乗基準

$$f(\mathbf{F}, \mathbf{\Lambda}, \mathbf{U}, \mathbf{\Psi}) = ||\mathbf{X} - \mathbf{F}\mathbf{\Lambda}^\top - \mathbf{U}\mathbf{\Psi}||^2 \tag{2.50}$$

を，次の制約条件のもとに最小化する $\mathbf{F}$, $\mathbf{\Lambda}$, $\mathbf{U}$, $\mathbf{\Psi}$ を求めるものである．

$$\mathbf{1}_n^\top \mathbf{F} = \mathbf{0}_m, \quad \mathbf{1}_n^\top \mathbf{U} = \mathbf{0}_p, \tag{2.51}$$

$$\frac{1}{n}\mathbf{F}^\top \mathbf{F} = \mathbf{I}_m, \quad \frac{1}{n}\mathbf{U}^\top \mathbf{U} = \mathbf{I}_p, \quad \frac{1}{n}\mathbf{F}^\top \mathbf{U} =_m\mathbf{O}_p \tag{2.52}$$

ここで，$\mathbf{0}_m$ は $m \times 1$ の零ベクトル，$_m\mathbf{O}_p$ は $m \times p$ の零行列，$\mathbf{F} = (f_{ik})$ は個体 i の因子 k の共通因子得点 f_{ik} からなる $n \times m$ の行列，$\mathbf{\Lambda} = (\lambda_{jk})$ は変数 j の因子 k への負荷量 λ_{jk} からなる $p \times m$ の行列，$\mathbf{U} = (u_{ij})$ は個体 i の変数 j の独自因子得点からなる $n \times p$ の行列，そして，$\mathbf{\Psi}$ は $p \times p$ の対角行列で，その対角要素 $\psi_j (j = 1, \ldots, p)$ の 2 乗が独自分散である．最小二乗基準 (2.50) のモデル部がすべて行列で表されていることから，上記の最小化は**行列因子分析**とよばれる (足立, 2015)．

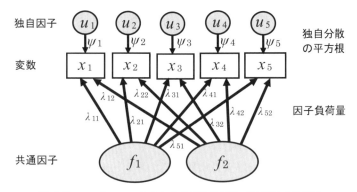

図 2.9 $p=5$, $m=2$ のときの因子分析のパス図による表現

制約条件 (2.51), (2.52) のもとで, 最小二乗基準 (2.50) を最小にする $\mathbf{F}$, $\mathbf{\Lambda}$, $\mathbf{U}$, $\mathbf{\Psi}$ を交互最小二乗法で求めるために, $\mathbf{F}$ と $\mathbf{U}$ をブロックとした $n \times (m+p)$ の行列 $\mathbf{Z} = [\mathbf{F}, \mathbf{U}]$, および, $p \times (m+p)$ のブロック行列 $\mathbf{B} = [\mathbf{\Lambda}, \mathbf{\Psi}]$ を定義する. この定義より, 制約条件 (2.50), (2.51), (2.52) は, それぞれ,

$$f(\mathbf{Z}, \mathbf{B}) = ||\mathbf{X} - \mathbf{F}\mathbf{\Lambda}^\top - \mathbf{U}\mathbf{\Psi}||^2 = ||\mathbf{X} - \mathbf{Z}\mathbf{B}^\top||^2 \tag{2.53}$$

$$\mathbf{1}_n^\top \mathbf{Z} = \mathbf{0}_{m+p} \tag{2.54}$$

$$\frac{1}{n}\mathbf{Z}^\top \mathbf{Z} = \mathbf{I}_{m+p} \tag{2.55}$$

のように簡潔化される. このように, パラメータを分割するのではなくて, ブロック行列にまとめ上げること, および, (後述するように) パラメータ行列の 1 つである $\mathbf{Z}$ は一意に定まらないが, $\mathbf{B}$ の最適解は求まるという性質が, 本項の方法の特徴である.

まず, 所与の $\mathbf{Z}$ に対して, 最小二乗基準 (2.53) を最小にする $\mathbf{B} = [\mathbf{\Lambda}, \mathbf{\Psi}]$ を求めるために, $\mathbf{\Psi}$ が対角行列であることと制約条件 (2.55) を用いて, 基準 (2.53) を n で除した関数が

2.4 統計解析法への応用

$$\frac{1}{n}||\mathbf{X} - \mathbf{ZB}^\top||^2$$
$$= \left\|\frac{1}{n}\mathbf{X}^\top\mathbf{Z} - \mathbf{B}\right\|^2 + const$$
$$= \left\|\frac{1}{n}\mathbf{X}^\top\mathbf{F} - \mathbf{\Lambda}\right\|^2 + \left\|\frac{1}{n}\mathbf{X}^\top\mathbf{U} - \mathbf{\Psi}\right\|^2 + const$$
$$= \left\|\frac{1}{n}\mathbf{X}^\top\mathbf{F} - \mathbf{\Lambda}\right\|^2 + \left\|\frac{1}{n}\mathrm{diag}(\mathbf{X}^\top\mathbf{U}) - \mathbf{\Psi}\right\|^2 + const^* \quad (2.56)$$

と書き換えられることに着目する．ここで，$const$ と $const^*$ は $\mathbf{B}$ に関係のない項を表し，$\mathrm{diag}(\mathbf{X}^\top\mathbf{U})$ は，$\mathbf{X}^\top\mathbf{U}$ の対角要素を対角に配した対角行列である．式 (2.56) より，$\mathbf{B} = [\mathbf{\Lambda}, \mathbf{\Psi}]$ のブロックの解は，それぞれ，

$$\mathbf{\Lambda} = \frac{1}{n}\mathbf{X}^\top\mathbf{F}, \quad \mathbf{\Psi} = \frac{1}{n}\mathrm{diag}(\mathbf{X}^\top\mathbf{U}) \quad (2.57)$$

によって与えられる．

次に，所与の $\mathbf{B}$ に対して，条件 (2.54)，(2.55) のもとで，最小二乗基準 (2.53) を最小化する $\mathbf{Z}$ を求めよう．制約条件 (2.55) を用いると，基準 (2.53) は $||\mathbf{X} - \mathbf{ZB}^\top||^2 = \mathrm{tr}\mathbf{X}^\top\mathbf{X} + n\mathrm{tr}\mathbf{BB}^\top - 2\mathrm{tr}\mathbf{X}^\top\mathbf{ZB}^\top$ と展開されるので，上記の最小化は，$g(\mathbf{Z}) = \mathrm{tr}\mathbf{X}^\top\mathbf{ZB}^\top = \mathrm{tr}\mathbf{Z}^\top\mathbf{XB}$ の最大化に帰着する．ten Berge (1983, 1993) の定理より，条件 (2.55) のもとで，$g(\mathbf{Z})$ は，後出の式 (2.60) の対角行列 $\mathbf{\Theta}$ を使った不等式

$$g(\mathbf{Z}) = \mathrm{tr}\mathbf{Z}^\top\mathbf{XB} \leq \mathrm{tr}\mathbf{\Theta} \quad (2.58)$$

を満たし，上限 $\mathrm{tr}\mathbf{\Theta}$ は，

$$\mathbf{Z} = \sqrt{n}\mathbf{KL}^\top = \sqrt{n}\mathbf{K}_1\mathbf{L}_1^\top + \sqrt{n}\mathbf{K}_2\mathbf{L}_2^\top \quad (2.59)$$

のときに達成される．ここで，$\mathbf{K} = [\mathbf{K}_1, \mathbf{K}_2](n \times (p+m))$，$\mathbf{L} = [\mathbf{L}_1, \mathbf{L}_2](p \times (p+m))$ であり，ブロック $\mathbf{K}_1$，$\mathbf{L}_1$ は，$\frac{1}{\sqrt{n}}\mathbf{XB}$ の特異値分解

$$\frac{1}{\sqrt{n}}\mathbf{XB} = \mathbf{K}_1\mathbf{\Theta}\mathbf{L}_1^\top \quad (2.60)$$

より求められる．そして，$\mathbf{K}_2$，$\mathbf{L}_2$ は $\mathbf{K}_2^\top\mathbf{K}_1 = \mathbf{L}_2^\top\mathbf{L}_1 = {}_m\mathbf{O}_p$ を満たす正規直交行列である．すなわち，$\mathbf{\Theta}$ は $p \times p$ の対角行列であり，$\mathbf{K}^\top\mathbf{K} = \mathbf{L}^\top\mathbf{L} = \mathbf{I}_{p+m}$ である．式 (2.59) は，条件 (2.54) も満たし (Adachi, 2012,

Appendix 1), 求めるべき解である.

前の 2 つの段落に記した事実より, 式 (2.57) による $\mathbf{B}$ の更新と式 (2.59) による $\mathbf{Z}$ の更新を交互に繰り返せば, 行列因子分析の解が求まる. ここで, 式 (2.59) の右辺の $\mathbf{K}_1 \mathbf{L}_1^\top$ は一意に定まるが, $\mathbf{K}_2 \mathbf{L}_2^\top$ は一意でなく, 因子得点の行列 $\mathbf{Z}$ は一意に定まらないことに注意しよう. すなわち, $\mathbf{Z}$ の更新では, $\mathbf{K}^\top \mathbf{K} = \mathbf{L}^\top \mathbf{L} = \mathbf{I}_{p+m}$ を満たす任意の $\mathbf{K}_2, \mathbf{L}_2$ を選ぶこととなる.

Adachi (2012) は, 前段の解法の一部を改変して, $\mathbf{Z}$ を求めることなく $\mathbf{B}$ の最適解を求める方法を, 以下に記す事実から導いている. まず, 変数と共通・独自因子との共分散からなる $p \times (m+p)$ の行列を

$$\mathbf{C} = \frac{1}{n}\mathbf{X}^\top \mathbf{Z} = \frac{1}{n}\mathbf{X}^\top [\mathbf{F}, \mathbf{U}] \tag{2.61}$$

と表すと, 不等式 (2.58) の左辺の $g(\mathbf{Z})$ は, $\mathbf{C}$ の関数として,

$$g(\mathbf{C}) = \mathrm{tr}\mathbf{Z}^\top \mathbf{X}\mathbf{B} = n\mathrm{tr}\mathbf{B}^\top \mathbf{C} \tag{2.62}$$

と書き換えられる. これが不等式 (2.58) の右辺の上限 $\mathrm{tr}\boldsymbol{\Theta}$ を達成するときの $\mathbf{C}$ は, 特異値分解 (2.60) から導かれる $\frac{1}{\sqrt{n}}\mathbf{X} = \frac{1}{\sqrt{n}}\mathbf{X}\mathbf{B}\mathbf{B}^+ = \mathbf{K}_1 \boldsymbol{\Theta}_1 \mathbf{L}_1^\top \mathbf{B}^+$ の転置に, 後ろから式 (2.59) を乗じて,

$$\mathbf{C} = \mathbf{B}^{\top+} \mathbf{L}_1 \boldsymbol{\Theta} \mathbf{L}_1^\top \tag{2.63}$$

と表せる. ここで, $\mathbf{B}^{\top+}$ は $\mathbf{B}^\top$ のムーアペンローズ逆行列であり, $\mathbf{B}$ の階数が p で $\mathbf{B}\mathbf{B}^+ = \mathbf{I}_p$ となることを仮定している. 式 (2.63) に現れる $\mathbf{L}_1 \boldsymbol{\Theta} \mathbf{L}_1^\top$ は, 特異値分解 (2.60) から導かれる固有値分解

$$\mathbf{B}^\top \mathbf{S} \mathbf{B} = \mathbf{L}_1 \boldsymbol{\Theta}^2 \mathbf{L}_1^\top \tag{2.64}$$

によって求められる. ここで, $\mathbf{S} = \frac{1}{n}\mathbf{X}^\top \mathbf{X}$ は, 変数間の共分散行列である. 以上より, 不等式 (2.58) の上限は, $\mathbf{Z}$ を求めることなく, 達成されることがわかる. さらに, 式 (2.57) による $\mathbf{B} = [\boldsymbol{\Lambda}, \boldsymbol{\Psi}]$ の更新にも $\mathbf{Z}$ は不要で,

2.4 統計解析法への応用

$$\boldsymbol{\Lambda} = \mathbf{CH}^{[m]} \tag{2.65}$$

$$\boldsymbol{\Psi} = \mathrm{diag}(\mathbf{CH}_{[p]}) \tag{2.66}$$

のように，$\mathbf{C}$ が所与であれば，$\mathbf{B}$ を更新できる．ここで，$\mathbf{H}^{[m]} = [\mathbf{I}_m,{}_m\mathbf{O}_p]^\top ((m+p) \times m)$，$\mathbf{H}_{[p]} = [{}_p\mathbf{O}_m, \mathbf{I}_p]^\top ((m+p) \times p)$ であり，それぞれ，$\mathbf{C}$ の前から m 列，後ろから p 列を取り出す役割を果たす．以上より，式 (2.63), (2.65), (2.66) による計算を交互に繰り返せば，$\mathbf{B} = [\boldsymbol{\Lambda}, \boldsymbol{\Psi}]$ の最適解が得られる．

達成される目的関数は，

$$n\mathrm{tr}\mathbf{S} - n\mathrm{tr}(\boldsymbol{\Lambda}\boldsymbol{\Lambda}^\top + \boldsymbol{\Psi}^2) = n\mathrm{tr}(\mathbf{S} - \mathbf{BB}^\top) \tag{2.67}$$

と表される．これは，条件 (2.52) を用いれば，最小二乗基準 (2.50) を $\mathrm{tr}\mathbf{X}^\top\mathbf{X} + n\mathrm{tr}\boldsymbol{\Lambda}\boldsymbol{\Lambda}^\top + n\mathrm{tr}\boldsymbol{\Psi}^2 - 2\mathrm{tr}\mathbf{X}^\top\mathbf{F}\boldsymbol{\Lambda} - 2\mathrm{tr}\mathbf{X}^\top\mathbf{U}\boldsymbol{\Psi}$ と展開でき，この式に式 (2.57) を使って，$\mathrm{tr}\mathbf{X}^\top\mathbf{U}\boldsymbol{\Psi} = \mathrm{tr}\,\mathrm{diag}(\mathbf{X}^\top\mathbf{U})\boldsymbol{\Psi}$ に着目すれば導かれる．なお，式 (2.67) を $n\mathrm{tr}\mathbf{S}$ で除した $1 - \dfrac{\mathrm{tr}\mathbf{BB}^\top}{\mathrm{tr}\mathbf{S}}$ は，0 以上 1 以下に正規化されて，収束判定に便利な指標となる．

以上より，最適な $\mathbf{B} = [\boldsymbol{\Lambda}, \boldsymbol{\Psi}]$ を求めるための Adachi (2012) のアルゴリズムは，次のように記される．

[S1] $\mathbf{B}$ を初期化する．
[S2] 固有値分解 (2.64) を行って，式 (2.63) で $\mathbf{C}$ を求める．
[S3] 式 (2.65), 式 (2.66) によって，$\mathbf{B} = [\boldsymbol{\Lambda}, \boldsymbol{\Psi}]$ を更新する．
[S4] 収束していれば終了し，収束していなければ [S2] に戻る．

ここで着目すべきは，ステップに現れる式 (2.63)〜式 (2.66)，および，収束判定に使われる式 (2.67) に，$\mathbf{Z}$ とともにデータ行列 $\mathbf{X}$ も現れず，標本共分散行列 $\mathbf{S}$ だけが所与であれば，もとのデータ行列がなくとも，$\mathbf{B}$ が求められる点である．

さて，以上のように，因子負荷行列 $\boldsymbol{\Lambda}$ に制約を加えない方法を特に**探索的因子分析**とよぶのに対して，$\boldsymbol{\Lambda}$ の特定の要素を零と制約する方法を

確認的因子分析（または検証的因子分析）とよぶ(足立, 2006; 狩野・三浦, 2002). 後者の方法の難点は，ユーザーが零要素の位置を決める必要性にあるが，この難点を克服するのが，近年注目を集めるスパース因子分析である (Hirose, and Yamamoto, 2014, 2015; Yoshida, and West, 2010). この分析では，$\mathbf{\Lambda}$ が多くの零要素をもつという想定のもとに，零要素の位置の推定と零でない要素の値の推定を同時に行う．以下では，前段までの行列因子分析に簡潔なステップを加えれば，Adachi, and Trendafilov(2014) のスパース因子分析法が導けることを示す．

行列因子分析に，負荷行列の零の要素数 $\mathrm{Sp}(\mathbf{\Lambda})$ が所与の整数 s に等しいとする制約

$$\mathrm{Sp}(\mathbf{\Lambda}) = s \tag{2.68}$$

を加え，この制約と制約 (2.54), (2.55) のもとで，最小二乗基準 (2.53) を最小化することを考える．ここで，目的関数を n で除した式 (2.56) の右辺の中で，$\mathbf{\Lambda}$ に関係する項が $h(\mathbf{\Lambda}) = \left\| \frac{1}{n}\mathbf{X}^\top \mathbf{F} - \mathbf{\Lambda} \right\|^2$ だけであること，および，$\mathbf{\Lambda}$ の制約が (2.68) だけであることは，$\mathbf{Z}$, $\mathbf{\Psi}$ が所与のときに基準 (2.53) を最小にする $\mathbf{\Lambda}$ は，$h(\mathbf{\Lambda})$ を最小にする $\mathbf{\Lambda}$ に等しいことを意味する．関数 $h(\mathbf{\Lambda})$ で $\mathbf{\Lambda} = (\lambda_{jk})$ と照合される $\frac{1}{n}\mathbf{X}^\top \mathbf{F}$ ($p \times m$) は式 (2.61) の第 1〜m 列のブロックであり，その (j, k) 要素を c_{jk} と表すと，$h(\mathbf{\Lambda})$ は次式を満たす．

$$\begin{aligned} h(\mathbf{\Lambda}) &= \sum_{j,k}(\lambda_{jk} - c_{jk})^2 \\ &= \sum_{(j,k)\in\mathbf{N}} c_{jk}^2 + \sum_{(j,k)\in\mathbf{N}^\perp}(\lambda_{jk} - c_{jk})^2 \geq \sum_{(j,k)\in\mathbf{N}} c_{jk}^2 \end{aligned} \tag{2.69}$$

ここで，$\mathbf{N}$ は $\lambda_{jk} = 0$ に対応する要素番号 (j, k) の集合，$\mathbf{N}^\perp$ は $\lambda_{jk} \neq 0$ に対応する (j, k) の集合を表す．c_{jk}^2 ($j = 1, \ldots, p; k = 1, \ldots, m$) を降順に並べたときの第 s 番目の c_{jk}^2 を $c_{[s]}^2$ と表すと，

$$\lambda_{jk} = \begin{cases} 0 & (c_{jk}^2 \leq c_{[s]}^2 \text{のとき}) \\ c_{jk} & (\text{その他のとき}) \end{cases} \tag{2.70}$$

表 2.5 箱問題の相関行列 (Adachi, and Trendafilov, 2014)

	変 数	1	2	3	4	5	6	7	8	9	10
1	x^2	1									
2	y^2	−0.05	1								
3	z^2	−0.02	0.00	1							
4	xy	0.62	0.57	−0.02	1						
5	xz	0.59	−0.03	0.60	0.42	1					
6	yz	−0.04	0.64	0.59	0.40	0.41	1				
7	$(x^2+y^2)^{1/2}$	0.63	0.61	−0.02	0.82	0.42	0.40	1			
8	$(x^2+z^2)^{1/2}$	0.65	0.01	0.61	0.47	0.81	0.40	0.46	1		
9	$(y^2+z^2)^{1/2}$	−0.03	0.62	0.63	0.40	0.42	0.83	0.41	0.44	1	
10	$2x+2y$	0.62	0.63	0.02	0.87	0.44	0.45	0.90	0.48	0.45	1
11	$2x+2z$	0.63	−0.02	0.63	0.44	0.86	0.42	0.45	0.89	0.45	0.46
12	$2y+2z$	−0.04	0.62	0.63	0.41	0.40	0.86	0.40	0.44	0.90	0.45
13	$\log x$	0.82	−0.06	0.01	0.57	0.60	−0.03	0.59	0.62	−0.02	0.59
14	$\log y$	−0.05	0.80	0.02	0.57	0.00	0.58	0.57	0.02	0.60	0.59
15	$\log z$	−0.02	0.01	0.79	0.01	0.58	0.60	−0.02	0.55	0.62	0.02
16	xyz	0.41	0.47	0.50	0.66	0.72	0.73	0.61	0.64	0.65	0.65
17	$(x^2+y^2+z^2)^{1/2}$	0.52	0.50	0.51	0.68	0.67	0.64	0.74	0.76	0.72	0.75
18	$\exp(x)$	0.74	0.01	−0.06	0.48	0.41	−0.05	0.53	0.47	−0.04	0.50
19	$\exp(y)$	−0.07	0.72	0.06	0.35	−0.02	0.51	0.43	0.00	0.50	0.41
20	$\exp(z)$	0.01	0.04	0.76	0.02	0.41	0.48	0.01	0.48	0.50	0.04

	変 数	11	12	13	14	15	16	17	18	19	20
11	$2x+2z$	1									
12	$2y+2z$	0.45	1								
13	$\log x$	0.64	−0.04	1							
14	$\log y$	0.00	0.63	−0.05	1						
15	$\log z$	0.61	0.64	0.01	0.02	1					
16	xyz	0.68	0.67	0.43	0.44	0.50	1				
17	$(x^2+y^2+z^2)^{1/2}$	0.74	0.71	0.48	0.46	0.48	0.77	1			
18	$\exp(x)$	0.42	−0.01	0.52	0.03	−0.07	0.28	0.43	1		
19	$\exp(y)$	−0.03	0.45	−0.07	0.49	0.05	0.34	0.37	−0.05	1	
20	$\exp(z)$	0.46	0.50	−0.01	0.07	0.51	0.40	0.43	−0.03	0.08	1

のときに,$h(\mathbf{\Lambda})$ が下限 $\sum_\mathbf{N} c_{jk}^2$ を達成して,かつ,下限が最小化されることがわかる.したがって,前述の [S1]〜[S4] のステップ [S3] の式 (2.65) を式 (2.70) に代えれば,**スパース行列因子分析**の解法が与えられる.以上の方法は局所解を導くことがあるため,多重スタート法が使われるこ

表 2.6 スパース行列因子分析の解（空欄は零）

変数	因子負荷量			独自分散
	x	y	z	
x^2	0.95			0.08
y^2		0.96		0.08
z^2			0.94	0.09
xy	0.67	0.61		0.17
xz	0.64		0.64	0.17
yz		0.66	0.63	0.15
$(x^2+y^2)^{1/2}$	0.69	0.64		0.10
$(x^2+z^2)^{1/2}$	0.68		0.64	0.12
$(y^2+z^2)^{1/2}$		0.66	0.67	0.11
$2x+2y$	0.68	0.67		0.08
$2x+2z$	0.67		0.68	0.08
$2y+2z$		0.66	0.68	0.09
$\log x$	0.89			0.19
$\log y$		0.87		0.23
$\log z$			0.88	0.21
xyz	0.47	0.49	0.54	0.22
$(x^2+y^2+z^2)^{1/2}$	0.57	0.52	0.54	0.10
$\exp(x)$	0.71			0.48
$\exp(y)$		0.68		0.52
$\exp(z)$			0.71	0.49

と，および，制約 (2.68) の s を一定レンジ内の整数のそれぞれに設定して解を求め，最適な s を選択する手続きは，Adachi, and Trendafilov (2014) を参照されたい．

前段の方法を，因子分析の試金石として使われる Thurstone (1947) の箱問題によって評価しよう．この問題では，表 2.5 の左に示される x, y, z のベクトル関数 $\phi(x,y,z) = [x^2, y^2, z^2, xy, xz, \ldots, \exp(y), \exp(z)]^\top$ (20×1) と，独自因子ベクトル $\mathbf{u}$ (20×1) に基づく $\mathbf{x} = \phi(x,y,z) + \mathbf{\Psi u}$ からデータを生成する．Adachi, and Trendafilov (2014) は，ランダムな x, y, z と $\mathbf{u}$ から得られる $\mathbf{x}$ の転置を行とした 400×20 のデータ行列 $\mathbf{X}$ を生成し，その列間の相関係数 (表 2.5) を求めている．これが分析対象となる．Thurstone (1947) は，x, y, z を，ランダムな乱数ではなく，各種の箱の長さ，幅，高さとしたことが，箱問題という名称の由来である．箱問題では，x, y, z が共通因子に相当すると見なされ，例えば，yz に

対応する変数が因子 y と z に負荷するというように，変数がそれを定義する共通因子に負荷すれば，理想的な解が得られたと評価される．表 2.5 の相関行列にスパース行列因子分析を適用すると，制約 (2.68) の s は 27 が最適となり (Adachi, and Trendafilov, 2014)，そのときの解を表 2.6 に示すが，理想的な結果であることがわかる．

第 3 章

関連する研究と計算環境

3.1 交互最小二乗法における計算の加速化

最小二乗法，交互最小二乗法に関連する研究として，交互最小二乗法の加速化について紹介する．

第 2 章の非計量 ALS 法は，最小二乗法を基本とした**反復解法**であり，**1 次収束**することが予想される．この反復解法の収束を加速し，より少ない反復回数と計算時間で解を見つける方法を考える．

2.2 節で説明した非計量 ALS 法をあらためて整理しておこう．

観測された非計量データ行列 $\mathbf{X}$ を多変量解析のモデルで説明するために，$\mathbf{X}$ をデータパラメータ $\mathbf{Q} = [\mathbf{q}_1, \ldots, \mathbf{q}_p]$ の関数 $\mathbf{X}(\mathbf{Q})$ として表現し，多変量統計モデルをそのパラメータ集合 $\boldsymbol{\Theta}$ の関数 $\mathbf{M}(\boldsymbol{\Theta})$ で表す．このとき，多変量カテゴリカルデータ分析は，$\mathbf{X}(\mathbf{Q})$ と $\mathbf{M}(\boldsymbol{\Theta})$ からなる最小二乗基準の関数 $LS[\mathbf{X}(\mathbf{Q}), \mathbf{M}(\boldsymbol{\Theta})]$ の最小化問題

$$\min_{\mathbf{Q}, \boldsymbol{\Theta}} LS[\mathbf{X}(\mathbf{Q}), \mathbf{M}(\boldsymbol{\Theta})] \tag{3.1}$$

として定式化される．非計量 ALS 法は，最小化問題 (3.1) の解 $\mathbf{Q}$ と $\boldsymbol{\Theta}$ を求める反復解法であり，初期値 $\mathbf{Q}^{[0]}$ が与えられたとき，次のステップを繰り返す．

[$\boldsymbol{\Theta}$ ステップ]　$\mathbf{Q}^{[t]}$ を固定して，$LS[\mathbf{X}(\mathbf{Q}^{[t]}), \mathbf{M}(\boldsymbol{\Theta})]$ を最小化する $\boldsymbol{\Theta}^{[t+1]}$

を求める．すなわち，

$$\Theta^{[t+1]} = \arg\min_{\Theta} LS[\mathbf{X}(\mathbf{Q}^{[t]}), \mathbf{M}(\Theta)].$$

[Q ステップ]　$\Theta^{[t+1]}$ を固定して，$LS[\mathbf{X}(\mathbf{Q}), \mathbf{M}(\Theta^{[t+1]})]$ を最小化する $\mathbf{Q}^{[t+1]}$ を求める．すなわち，

$$\mathbf{Q}^{[t+1]} = \arg\min_{\mathbf{Q}} LS[\mathbf{X}(\mathbf{Q}), \mathbf{M}(\Theta^{[t+1]})].$$

[収束判定]　条件

$$LS[\mathbf{X}(\mathbf{Q}^{[t]}), \mathbf{M}(\Theta^{[t]})] - LS[\mathbf{X}(\mathbf{Q}^{[t+1]}), \mathbf{M}(\Theta^{[t+1]})] < \delta$$

を満足していれば，$\mathbf{Q}^{[t+1]}$ と $\Theta^{[t+1]}$ を解と見なし終了し，そうでなければ，$t := t+1$ として Θ ステップに戻る．ここで，δ は十分に小さい正の実数である．

このとき，非計量 ALS 法の収束の速さは，$\mathbf{X}(\mathbf{Q})$ と $\mathbf{M}(\Theta)$ に関連する．例えば，$\mathbf{Q}$ における変数 p とカテゴリー数 K_j $(j=1,\ldots,p)$ が多いとき，この反復解法の収束は遅くなる．あるいは，Θ がいくつかのブロックに分割されて $\mathbf{M}(\Theta)$ の関数形が複雑であれば，この場合の収束も遅くなることが予想される．

非計量 ALS 法と同じく 1 次収束する EM アルゴリズム (Dempster, Laird, and Rubin, 1977) において，収束の加速は重要な研究課題の 1 つであり，さまざまな加速法が提案されている．EM アルゴリズムは，

- E ステップ：観測データの欠測部分を埋める．
- M ステップ：統計モデルのパラメータを推定する．

から構成される．この 2 つのステップは，非計量 ALS 法の Q ステップと Θ ステップにそれぞれ対応していると見ることもできる．EM アルゴリズムの加速は，M ステップの計算に着目し，

- パラメータの推定式に収束の速いニュートン法や準ニュートン法などを組み込むことで加速を実現する方法

- パラメータの推定値列より速く停留点に収束する変換列（加速列）を補外法 (extrapolation) により生成することでアルゴリズムの収束を加速する方法

の2つに大きく分類することができる．前者については，McLachlan, and Krishnan (1997) に詳しい紹介がある．後者については，Kuroda, and Sakakihara (2006) や Kuroda, Geng, and Sakakihara (2015) などがある．

一方，非計量 ALS 法の加速化の研究については，Kuroda *et al.* (2011) による非計量主成分分析の非計量 ALS 法の加速化が現時点での最新であり，本節ではこれを紹介する．

まず，非計量主成分分析のための非計量 ALS 法である PRINCIPALS と PRINCALS を示す．

3.1.1 非計量主成分分析の非計量 ALS 法

すでに 2.2 節で示されているように，非計量主成分分析はデータパラメータ $\mathbf{Q} = [\mathbf{q}_1, \ldots, \mathbf{q}_p]$ とモデルパラメータ $\boldsymbol{\Theta} = \{\mathbf{F}, \mathbf{A}\}$ の推定値を最小化問題 (3.1) の解として求める．ここで，$\mathbf{q}_j$ は $K_j \times 1$ のカテゴリー数量化得点のベクトル，$\mathbf{F}$ は n 個体 × m 成分 の主成分得点の行列，$\mathbf{A}$ は p 変数 × m 成分 の成分負荷の行列である．非計量データ $\mathbf{X} = [\mathbf{X}_1, \ldots, \mathbf{X}_p]$ が与えられたとき，$\mathbf{Q}$ と $\boldsymbol{\Theta}$ を推定する非計量 ALS 法が PRINCIPALS と PRINCALS である．この2つのアルゴリズムを確認しておく．

● PRINCIPALS

式 (2.10) で示されている関数

$$LS(\mathbf{X}(\mathbf{Q}), \mathbf{M}(\boldsymbol{\Theta})) = \sum_{j=1}^{p} \|\mathbf{G}_j \mathbf{q}_j - \mathbf{F}\mathbf{a}_j\|^2$$

の最小化問題を解くための非計量 ALS 法が PRINCIPALS である．解を一意に定めるために，

$$\frac{1}{n}\mathbf{F}^\top\mathbf{F} = \mathbf{I}_m, \quad \mathbf{A}^\top\mathbf{A} \text{ は対角要素が降順の対角行列} \tag{3.2}$$

$$\mathbf{1}_n^\top\mathbf{G}_j\mathbf{q}_j = 0, \quad \frac{1}{n}\mathbf{q}_j^\top\mathbf{G}_j^\top\mathbf{G}_j\mathbf{q}_j = 1 \quad (j = 1,\ldots,p) \tag{3.3}$$

を制約条件として与える．ここで，$\mathbf{I}_m$ は，$m \times m$ 単位行列であり，$\mathbf{1}_n$ は，要素がすべて1の $n \times 1$ ベクトルである．

まず，$\mathbf{F}$ と $\mathbf{A}$ の初期値 $\mathbf{F}^{[0]}$ と $\mathbf{A}^{[0]}$ を設定する．例えば，$\mathbf{X}$ を計量データとして主成分分析することで求めた $\mathbf{F}$ と $\mathbf{A}$ を初期値にしてもよい．このとき，PRINCIPALS は次のステップを繰り返す．

[Q ステップ]　制約条件 (3.2) のもとで，$\mathbf{Q}^{[t+1]} = [\mathbf{q}_1^{[t+1]},\ldots,\mathbf{q}_p^{[t+1]}]$ を

$$\mathbf{q}_j^{[t+1]} = (\mathbf{G}_j^\top\mathbf{G}_j)^{-1}\mathbf{G}_j^\top\mathbf{F}^{[t]}\mathbf{a}_j^{[t]}$$

により計算する．ただし，変数 j のカテゴリーに順序制約があるとき，単調回帰法（p.50 参照）により $\mathbf{q}_j^{[t+1]}$ を再計算する．

[Θ ステップ]　$\frac{1}{n}\mathbf{X}(\mathbf{Q}^{[t+1]})^\top\mathbf{X}(\mathbf{Q}^{[t+1]})$ の固有値分解あるいは $\mathbf{X}(\mathbf{Q}^{[t+1]})$ の特異値分解 (2.13) により，$\mathbf{F}^{[t+1]}$ と $\mathbf{A}^{[t+1]}$ を求める．

● **PRINCALS**

2.2 節で書かれている等質性の仮定

> 個体 i が変数 j について示したカテゴリー x_{ij} の点 $q_{j,x_{ij}}\mathbf{a}_j$ と，個体 i の点 $\mathbf{f}_i$ は近くにあるべき

のもとで定式化されたものが，式 (2.21) の関数

$$LS(\mathbf{X}(\mathbf{Q}),\mathbf{M}(\boldsymbol{\Theta})) = \sum_{j=1}^p \|\mathbf{G}_j\mathbf{q}_j\mathbf{a}_j^\top - \mathbf{F}\|^2$$

であり，

$$\mathbf{W}_j = \mathbf{q}_j\mathbf{a}_j^\top \quad (j = 1,\ldots,p) \tag{3.4}$$

と書くことにすると,

$$LS(\mathbf{X}(\mathbf{Q}), \mathbf{M}(\mathbf{\Theta})) = LS(\mathbf{W}, \mathbf{F}) = \sum_{j=1}^{p} \|\mathbf{G}_j \mathbf{W}_j - \mathbf{F}\|^2 \quad (3.5)$$

になる.このとき,関数 (3.5) を最小化する $\mathbf{W} = \{\mathbf{W}_1, \ldots, \mathbf{W}_p\}$ と $\mathbf{F}$ が上記の仮定にあった解となる.PRINCALS は関数 (3.5) の最小化問題を解くための非計量 ALS 法である.ここで,式 (3.4) の分解を一意にするために, $\mathbf{q}_j$ についての制約条件 (3.3) を課し,また, $\mathbf{F}$ についても一意性をもたせるための制約条件として,

$$\mathbf{F}^\top \mathbf{1}_n = \mathbf{0}_m, \quad \frac{1}{n}\mathbf{F}^\top \mathbf{F} = \mathbf{I}_m \quad (3.6)$$

を設ける.以下は,Michailidis, and de Leeuw (1998) で示された PRINCALS のアルゴリズムである.

まず,パラメータの初期値を与える. $\mathbf{F}^{[0]}$ は制約条件 (3.6) のもとで乱数により生成する.次に, $j = 1, \ldots, p$ に対して, $\mathbf{W}^{[0]}$ と $\mathbf{Q}^{[0]}$ を

- $\mathbf{W}_j^{[0]} = (\mathbf{G}_j^\top \mathbf{G}_j)^{-1} \mathbf{G}_j^\top \mathbf{F}^{[0]}$ を計算
- 制約条件 (3.3) のもとで, $\mathbf{X} = \mathbf{X}(\mathbf{Q}^{[0]}) = [\mathbf{G}_1 \mathbf{q}_1^{[0]}, \cdots, \mathbf{G}_p \mathbf{q}_p^{[0]}]$ を標準化

により設定する.このとき,PRINCALS は次のステップを繰り返す:

[W ステップ] $\mathbf{F}^{[t]}$ から $\mathbf{W}^{[t+1]} = \{\mathbf{W}_1^{[t+1]}, \ldots, \mathbf{W}_p^{[t+1]}\}$ を

$$\mathbf{W}_j^{[t+1]} = (\mathbf{G}_j^\top \mathbf{G}_j)^{-1} \mathbf{G}_j^\top \mathbf{F}^{[t]}$$

により計算し,尺度水準の制約条件に応じてパラメータを推定する.

- 名義尺度:制約条件 (3.3) のもとで, $\mathbf{W}_j^{[t+1]}$ から

$$\mathbf{a}_j^{[t+1]} = \mathbf{W}_j^{[t+1]\top} (\mathbf{G}_j^\top \mathbf{G}_j) \mathbf{q}_j^{[t]} \Big/ \mathbf{q}_j^{[t]\top} (\mathbf{G}_j^\top \mathbf{G}_j) \mathbf{q}_j^{[t]},$$

$$\mathbf{q}_j^{[t+1]} = \mathbf{W}_j^{[t+1]} \mathbf{a}_j^{[t+1]} \Big/ \mathbf{a}_j^{[t+1]\top} \mathbf{a}_j^{[t+1]}$$

を計算する.

3.1 交互最小二乗法における計算の加速化　　　　　　　　　　　　81

- 順序尺度：単調回帰法（p.50 参照）により $\mathbf{q}_j^{[t+1]}$ を再計算し，$\mathbf{W}_j^{[t+1]} = \mathbf{q}_j^{[t+1]} \mathbf{a}_j^{[t+1]\top}$ により更新する．

[F ステップ]　$\mathbf{W}^{[t+1]} = \{\mathbf{W}_1^{[t+1]}, \ldots, \mathbf{W}_p^{[t+1]}\}$ から

$$\mathbf{F}^{[t+1]} = \frac{1}{p} \sum_{j=1}^{p} \mathbf{G}_j \mathbf{W}_j^{[t+1]}$$

を計算し，制約条件 (3.6) により標準化する．

3.1.2　非計量 ALS 法の加速の考え方

非計量 ALS 法の計算ステップからわかるように，$\mathbf{Q}$ と $\mathbf{\Theta}$ はそのいずれか一方の解が見つかれば，もう一方の解をそこから求めることができるという関係になっている．これは計量データ $\mathbf{X}(= \mathbf{X}(\mathbf{Q}))$ において，$\mathbf{\Theta}$ の最小二乗推定問題

$$\mathbf{\Theta} = \arg\min_{\mathbf{\Theta}} LS[\mathbf{X}, \mathbf{M}(\mathbf{\Theta})]$$

を解く状況と同じである．つまり，加速法を用いて $\mathbf{Q}$ か $\mathbf{\Theta}$ のいずかの解をより少ない反復回数で見つけることが非計量 ALS 法の収束の加速になる．そこで，非計量 ALS 法から生成される推定値列に注目し，それより速く収束するベクトル列を生成することで非計量 ALS 法の収束を加速させる．ここで，**ベクトル列の収束の加速**について定義する (Sidi, 2003)．

定義 2

$\{\boldsymbol{\theta}^{[t]}\}$ を 1 次収束する反復解法から生成されるベクトル列とする．ある補外法を $\{\boldsymbol{\theta}^{[t]}\}$ に適用することで得られるベクトル列を $\{\dot{\boldsymbol{\theta}}^{[t]}\}$ とし，それが $\{\boldsymbol{\theta}^{[t]}\}$ と同じ点 $\boldsymbol{\theta}^*$ に収束するとする．このとき，

$$\lim_{t \to \infty} \frac{\|\dot{\boldsymbol{\theta}}^{[t]} - \boldsymbol{\theta}^*\|}{\|\boldsymbol{\theta}^{\sigma[t]} - \boldsymbol{\theta}^*\|} = 0 \tag{3.7}$$

ならば，$\{\dot{\boldsymbol{\theta}}^{[t]}\}$ は $\{\boldsymbol{\theta}^{[t]}\}$ の収束を加速するという．ここで，$\sigma[t]$ は，$\dot{\boldsymbol{\theta}}^{[t]}$ を $\boldsymbol{\theta}^{[1]}, \ldots, \boldsymbol{\theta}^{\sigma[t]}$ により計算するときの最小の自然数を表す．

実際の数値計算では，十分に小さい正の実数 δ を与え，

$$\|\boldsymbol{\theta}^{[t+1]} - \boldsymbol{\theta}^{[t]}\|^2 < \delta$$

により収束を判定する．T 回目の反復で上記の不等式を満足したとき，$\boldsymbol{\theta}^{[T]}$ が反復解法の停留点になる．このとき，補外法から計算される $\dot{\boldsymbol{\theta}}^{[t]}$ は $T'(<\sigma[T])$ 回目の反復で，

$$\|\dot{\boldsymbol{\theta}}^{[T']} - \dot{\boldsymbol{\theta}}^{[T'-1]}\|^2 < \delta$$

を満たし，反復解法の停留点として $\dot{\boldsymbol{\theta}}^{[T']}$ を得ることができる．当然，

$$\|\dot{\boldsymbol{\theta}}^{[T']} - \boldsymbol{\theta}^{\sigma[T]}\|^2 < \delta$$

である．これが実際の場面における定義の意味である．

伊理・藤野 (1985) にある例題により，補外法で生成される列の振る舞いを示す．1 次収束する反復式

$$\theta^{[t]} = \theta^{[t-1]} - 0.2(\theta^{[t-1]2} - 2) \tag{3.8}$$

から生成されたスカラー列 $\{\theta^{[t]}\}$ を考える．ここで，$\{\theta^{[t]}\}$ は $\sqrt{2}$ に収束する．この列に対して，スカラー列の補外法である Aitken δ^2 アルゴリズム

$$\dot{\theta}^{[t]} = \theta^{[t]} - \frac{(\theta^{[t]} - \theta^{[t-1]})^2}{\theta^{[t]} - 2\theta^{[t-1]} + \theta^{[t-2]}}$$

により $\{\dot{\theta}^{[t]}\}$ を生成する．収束判定を $\delta = 10^{-6}$ で行ったとき，反復式 (3.8) が 17 回の反復で収束したのに対して，Aitken δ^2 アルゴリズムを $\{\theta^{[t]}\}$ に適用した場合では，必要な反復回数は 10 であった．図 3.1 は，2 つの列の収束までの振る舞いをプロットしたものである．この図より，$\dot{\theta}^{[4]}$ はすでに解 $\sqrt{2}$ に近い値（小数点以下 4 桁まで一致）であることがわかる．また，$|\dot{\theta}^{[10]} - \sqrt{2}| < 10^{-12}$ であり，少ない反復回数で非常に精度の高い解を求めることができている．

非計量 ALS 法の反復において生成される列は $\{\mathbf{Q}^{[t]}\}$ と $\{\boldsymbol{\Theta}^{[t]}\}$ であり，いずれかの列を補外法により加速することで，非計量 ALS 法の加速が

3.1 交互最小二乗法における計算の加速化

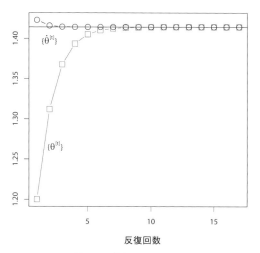

図 3.1 $\{\boldsymbol{\theta}^{[t]}\}$ と $\{\dot{\boldsymbol{\theta}}^{[t]}\}$ の収束までの振る舞い

実現できる．Kuroda *et al.* (2011) は補外法として Wynn (1962) による **vector ε アルゴリズム (vε アルゴリズム)** を用いた．スカラー列に対する vε アルゴリズムと Aitken δ^2 アルゴリズムは同じになる．

3.1.3 vector ε アルゴリズム

ある 1 次収束する反復解法から生成されるベクトル列 $\{\boldsymbol{\theta}^{[t]}\}$ がある停留点 $\boldsymbol{\theta}^*$ に収束すると仮定する．ここで，$\boldsymbol{\theta} = [\theta_1, \ldots, \theta_d]^\top$ である．また，ベクトル $\boldsymbol{\theta}$ の逆行列を

$$[\boldsymbol{\theta}]^{-1} = \frac{\boldsymbol{\theta}}{\boldsymbol{\theta}^\top \boldsymbol{\theta}}$$

で定義する．vε アルゴリズムは，$\{\boldsymbol{\theta}^{[t]}\}$ に対して，

$$\boldsymbol{\varepsilon}^{[t,-1]} = \boldsymbol{0}, \qquad \boldsymbol{\varepsilon}^{[t,0]} = \boldsymbol{\theta}^{[t]}$$

とおき，

$$\boldsymbol{\varepsilon}^{[t,s+1]} = \boldsymbol{\varepsilon}^{[t+1,s-1]} + \left[\Delta \boldsymbol{\varepsilon}^{[t,s]}\right]^{-1}, \quad s \geq 0 \tag{3.9}$$

を計算する．ここで，

$$\Delta\varepsilon^{[t,s]} = \varepsilon^{[t+1,s]} - \varepsilon^{[t,s]}$$

である．S を大きくすることで，$\{\varepsilon^{[t,S]}\}$ は少ない反復回数で収束することが予想されるが，$\varepsilon^{[t,S]}$ を求めるためには，$\varepsilon^{[t,0]}, \varepsilon^{[t,1]}, \ldots, \varepsilon^{[t,S-1]}$ を式 (3.9) により再帰的に計算する必要がある．それに伴い，計算量は増大し，計算時間の観点からの加速の効果は高くない可能性がある．ここでは，vε アルゴリズムの計算量が最小であり，反復回数の減少も十分に期待できる $S=1$ の場合を考える．式 (3.9) から，

$$\varepsilon^{[t,2]} = \varepsilon^{[t+1,0]} + \left[\Delta\varepsilon^{[t,1]}\right]^{-1},$$
$$\varepsilon^{[t,1]} = \varepsilon^{[t+1,-1]} + \left[\Delta\varepsilon^{[t,0]}\right]^{-1} = \left[\Delta\varepsilon^{[t,0]}\right]^{-1}$$

であり，

$$\varepsilon^{[t,2]} = \varepsilon^{[t+1,0]} + \left[\left[\Delta\varepsilon^{[t+1,0]}\right]^{-1} - \left[\Delta\varepsilon^{[t,0]}\right]^{-1}\right]^{-1}$$
$$= \boldsymbol{\theta}^{[t+1]} + \left[\left[\Delta\boldsymbol{\theta}^{[t+1]}\right]^{-1} - \left[\Delta\boldsymbol{\theta}^{[t]}\right]^{-1}\right]^{-1}$$

となる．ここで，$\dot{\boldsymbol{\theta}}^{[t]} = \varepsilon^{[t,2]}$ と書くことにする．

$\{\boldsymbol{\theta}^{[t]}\}$ が与えられたとき，vε アルゴリズムは，

$$\dot{\boldsymbol{\theta}}^{[t]} = \boldsymbol{\theta}^{[t+1]} + \left[\left[\Delta\boldsymbol{\theta}^{[t+1]}\right]^{-1} - \left[\Delta\boldsymbol{\theta}^{[t]}\right]^{-1}\right]^{-1} \quad (3.10)$$

により $\{\dot{\boldsymbol{\theta}}^{[t]}\}$ を生成する．このとき，$\{\dot{\boldsymbol{\theta}}^{[t]}\}$ は $\{\boldsymbol{\theta}^{[t]}\}$ の収束を加速する (Wynn, 1962)．

式 (3.10) からわかるように，vε アルゴリズムは非常にシンプルであり，そのプログラミングも容易である．また，1 回の反復で必要とされる計算量は $O(d)$ であり，$\frac{1}{n}\mathbf{X}(\mathbf{Q})^\top\mathbf{X}(\mathbf{Q})$ の固有値問題を解くための数値解法や逆行列の計算などの計算量と比べても非常に少ない．この性質は d が大きいときに非常に有効になる．このため，加速法における vε アルゴリズムの計算に占める割合は低く，計算コストの観点から考えたときの vε アルゴリズムの優位性を示すことができる．

3.1.4 vector ε アルゴリズムによる非計量 ALS 法の加速

Kuroda *et al.* (2011) による vε アルゴリズムを用いた非計量主成分分析の**非計量 ALS 法の加速法**を示す．この加速法は PRINCIPALS と PRINCALS の両方に適用することができる．以後，この vε アルゴリズムを用いた非計量 ALS 法を **vε-ALS 法**と書くことにする．

vε-ALS 法は，$\mathbf{X}(\mathbf{Q})$ をデータパラメータとして，vε アルゴリズムにより，$\{\mathbf{X}(\mathbf{Q}^{[t]})\}$ の収束を加速する．このとき，vε-ALS 法 は次のステップを繰り返す．

[ALS ステップ]　PRINCIPALS あるいは PRINCALS により $\{\mathbf{X}(\mathbf{Q}^{[t]})\}$ を生成する．

[vε 加速ステップ]　$\{\mathbf{X}(\mathbf{Q}^{[t+1]}), \mathbf{X}(\mathbf{Q}^{[t]}), \mathbf{X}(\mathbf{Q}^{[t-1]})\}$ から，

$$\mathrm{vec}\mathbf{X}(\dot{\mathbf{Q}}^{[t-1]})$$
$$= \mathrm{vec}\mathbf{X}(\mathbf{Q}^{[t]}) + \left[\left[\Delta\mathrm{vec}\mathbf{X}(\mathbf{Q}^{[t]})\right]^{-1} - \left[\Delta\mathrm{vec}\mathbf{X}(\mathbf{Q}^{[t-1]})\right]^{-1}\right]^{-1}$$

より $\{\mathbf{X}(\dot{\mathbf{Q}}^{[t]})\}$ を生成する．ここで，

$$\mathrm{vec}\mathbf{X}(\mathbf{Q}) = \left[\mathbf{G}_1\mathbf{q}_1^\top, \ldots, \mathbf{G}_p\mathbf{q}_p^\top\right]^\top$$

である．

[収束判定]　条件

$$\|\mathrm{vec}\mathbf{X}(\dot{\mathbf{Q}}^{[t-1]}) - \mathrm{vec}\mathbf{X}(\dot{\mathbf{Q}}^{[t-2]})\|^2 < \delta$$

を満足していれば $\mathbf{X}(\dot{\mathbf{Q}}^{[t-1]})$ を解と見なし終了し，そうでなければ $t := t+1$ として ALS ステップに戻る．

vε-ALS 法では，まず $\{\mathbf{X}(\mathbf{Q}^{[0]}), \mathbf{X}(\mathbf{Q}^{[1]}), \mathbf{X}(\mathbf{Q}^{[2]})\}$ を ALS ステップにより生成する．それ以降の反復において，vε-ALS 法が収束するまで，ALS ステップによる $\{\mathbf{X}(\mathbf{Q}^{[t]})\}$ と vε 加速ステップにおける $\{\mathbf{X}(\dot{\mathbf{Q}}^{[t]})\}$ の生成を交互に繰り返す．T' 回目で収束したとき，$\mathbf{X}(\dot{\mathbf{Q}}^{[T']})$ を $\mathbf{X}(\mathbf{Q})$ の推定値とする．これより，$\mathbf{X}(\dot{\mathbf{Q}}^{[T']})$ が与えられたもとでの最小化問題

$$\min_{\Theta} LS[\mathbf{X}(\dot{\mathbf{Q}}^{[T']}), \mathbf{M}(\Theta)] = \min_{\mathbf{F},\mathbf{A}} \|\mathbf{X}(\dot{\mathbf{Q}}^{[T']}) - \mathbf{F}\mathbf{A}^\top\|^2$$

を解くことで，$\mathbf{F}$ と $\mathbf{A}$ を求めることができる．これは，計量データに対する主成分分析の Θ の計算と同じ定式化になっている．

vε-ALS 法において，$\{\mathbf{X}(\dot{\mathbf{Q}}^{[t]})\}$ の生成には $\{\mathbf{X}(\mathbf{Q}^{[t]})\}$ のみを用いるため，ALS ステップの非計量 ALS 法の改良をする必要がない．したがって，vε-ALS 法は非計量 ALS 法のもつ安定した収束性を保持することができている．また，他の多変量カテゴリカルデータ分析のモデルにおいても，その最小二乗規準 $LS[\mathbf{X}(\mathbf{Q}), \mathbf{M}(\Theta)]$ に対する非計量 ALS 法さえ与えられれば，この加速法は常に適用可能である．さらに，$\{\mathbf{X}(\mathbf{Q}^{[t]})\}$ の停留点が存在するならば，$\{\mathbf{X}(\mathbf{Q}^{[t]})\}$ より速くその停留点に収束する $\{\mathbf{X}(\dot{\mathbf{Q}}^{[t]})\}$ を生成することができるという優れた特性も vε-ALS 法はもっている．

3.1.5 加速性能の評価

vε-ALS 法の加速性能を数値実験により実証した Mori, Kuroda, and Makino (2017) の結果を紹介する．この実験においては，非計量主成分分析の非計量 ALS 法として PRINCIPALS を用いた．また，この実験での収束判定は $\delta = 10^{-10}$ で行い，

・非計量 ALS 法：
$$LS[\mathbf{X}(\mathbf{Q}^{[t]}), \mathbf{M}(\Theta^{[t]})] - LS[\mathbf{X}(\mathbf{Q}^{[t+1]}), \mathbf{M}(\Theta^{[t+1]})] < \delta$$

・vε-ALS 法：
$$\|\text{vec}\mathbf{X}(\dot{\mathbf{Q}}^{[t-1]}) - \text{vec}\mathbf{X}(\dot{\mathbf{Q}}^{[t-2]})\|^2 < \delta$$

とした．

以下の実験では，vε-ALS 法が加速法としてもつべき性質を有しているかを確認している．最初の実験において，vε-ALS 法の収束性と加速性を検証している．次の実験では，vε-ALS 法が非計量 ALS 法よりどの程度速く収束するかという加速性能を評価している．

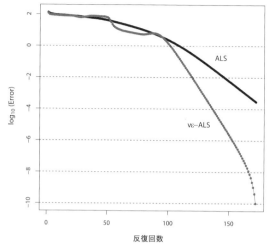

図 3.2 非計量 ALS 法と vε-ALS 法の収束までの振る舞い

- **vε-ALS 法の収束性と加速性の検証**

vε-ALS 法の収束性と加速性について実データにより検証する．

ここでは，回答者 51 名の授業アンケートデータの結果を用いた．データは 13 項目からなり，各項目は 5 段階（最低評価が 1，最高評価が 5）で評価されている．この実験では，非計量主成分分析における成分数を $m=3$ とした．

非計量 ALS 法は 421 回の反復で収束したのに対して，vε-ALS 法は 173 回である．また，これらは $\delta = 10^{-10}$ の精度で同じ停留点 $\mathbf{X}(\mathbf{Q}^*)$ に収束した．図 3.2 は vε-ALS 法が収束するまでの誤差 $\{\log_{10} \|\mathbf{X}(\mathbf{Q}^{[t]}) - \mathbf{X}(\mathbf{Q}^*)\|^2\}_{1 \leq t \leq 173}$ と $\{\log_{10} \|\mathbf{X}(\mathbf{Q}^{[t]}) - \mathbf{X}(\mathbf{Q}^*)\|^2\}_{1 \leq t \leq 173}$ をプロットしたものである．173 回の反復後に $\delta = 10^{-10}$ の精度で vε-ALS 法が収束したとき，非計量 ALS 法では $\log_{10} \|\mathbf{X}(\mathbf{Q}^{[173]}) - \mathbf{X}(\mathbf{Q}^*)\|^2 > -4$ であるので，$\mathbf{X}(\mathbf{Q}^{[173]})$ は $\mathbf{X}(\mathbf{Q}^*)$ に 2 桁も一致していない．この結果より，$\{\mathbf{X}(\dot{\mathbf{Q}}^{[t]})\}$ は $\{\mathbf{X}(\mathbf{Q}^{[t]})\}$ より十分に速く $\mathbf{X}(\mathbf{Q}^*)$ に収束していることがわかる．

次に，非計量 ALS 法と vε-ALS 法の収束率を比較する．収束率は局所収束する反復解法の収束の速さを示す指標である．収束率を τ で表すとき，$0 < \tau < 1$ であればその反復解法は収束する．そして，τ が 1 に近

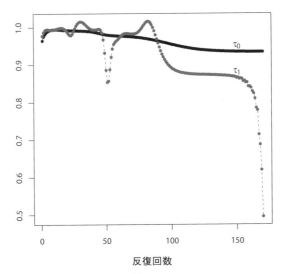

図 3.3 $\{\tau_0^{[t]}\}_{1\leq t\leq 173}$ と $\{\tau_1^{[t]}\}_{1\leq t\leq 173}$ の収束までの振る舞い

いと収束は遅くなり，0 に近いほど収束は速くなる (矢部, 2006). 非計量 ALS 法と vε-ALS 法の収束率は，

$$\tau_0 = \lim_{t\to\infty} \tau_0^{[t]} = \lim_{t\to\infty} \frac{\|\mathbf{X}(\mathbf{Q}^{[t]}) - \mathbf{X}(\mathbf{Q}^*)\|}{\|\mathbf{X}(\mathbf{Q}^{[t-1]}) - \mathbf{X}(\mathbf{Q}^*)\|} \quad \text{(非計量 ALS 法)},$$

$$\tau_1 = \lim_{t\to\infty} \tau_1^{[t]} = \lim_{t\to\infty} \frac{\|\mathbf{X}(\dot{\mathbf{Q}}^{[t]}) - \mathbf{X}(\mathbf{Q}^*)\|}{\|\mathbf{X}(\dot{\mathbf{Q}}^{[t-1]}) - \mathbf{X}(\mathbf{Q}^*)\|} \quad \text{(v}\varepsilon\text{-ALS 法)}$$

で与えられ，$0 < \tau_1 < \tau_0 < 1$ であれば，$\{\mathbf{X}(\dot{\mathbf{Q}}^{[t]})\}$ は $\{\mathbf{X}(\mathbf{Q}^{[t]})\}$ より速く $\mathbf{X}(\mathbf{Q}^*)$ に収束していることを意味する．図 3.3 は $\{\tau_0^{[t]}\}_{1\leq t\leq 173}$ と $\{\tau_1^{[t]}\}_{1\leq t\leq 173}$ の振る舞いをプロットしたものであり，$\{\mathbf{X}(\dot{\mathbf{Q}}^{[t]})\}$ が収束したとき，$\tau_1 < \tau_0$ となっている．

最後に，$\{\mathbf{X}(\dot{\mathbf{Q}}^{[t]})\}$ が $\{\mathbf{X}(\mathbf{Q}^{[t]})\}$ の収束を加速するかどうかを検証する．式 (3.7) より，

$$\dot{\rho}^{[t]} = \frac{\|\mathbf{X}(\dot{\mathbf{Q}}^{[t]}) - \mathbf{X}(\mathbf{Q}^*)\|}{\|\mathbf{X}(\mathbf{Q}^{[t+2]}) - \mathbf{X}(\mathbf{Q}^*)\|}$$

を計算し，vε-ALS 法が収束するまでの $\{\dot{\rho}^{[t]}\}_{1\leq t\leq 173}$ をプロットしたものが図 3.4 である．$\{\mathbf{X}(\dot{\mathbf{Q}}^{[t]})\}$ が収束したとき，$\{\dot{\rho}^{[t]}\}_{1\leq t\leq 173}$ は 0 に収束

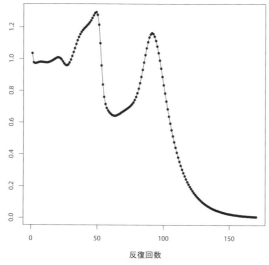

図 3.4 $\{\hat{\rho}^{[t]}\}_{1 \leq t \leq 173}$ の振る舞い

していく様子が確認できる.

● vε-ALS 法の加速性能の検証

この実験では，vε-ALS 法の加速性能に関して評価する．観測データ $\mathbf{X} = \mathbf{X}(\mathbf{Q}^{[0]})$ として，$n = 200$, $p = 40$ で $K_1 = \cdots = K_{40} = 10$ のデータ行列を乱数により生成し，非計量 ALS 法と vε-ALS 法を適用する．ここで，非計量主成分分析における成分数は $m = 3$ とした．この計算を 1000 回行い，非計量 ALS 法と vε-ALS 法の性能を収束までの反復回数と CPU 時間（単位：秒）で比較した．計算は統計解析環境 R (R Core Team, 2013) 上で実行し，実験で用いた PC の CPU は Intel Core i5 3.3 GHz（メモリ容量：4 GB）である．また，最大反復回数は 10000 とし，CPU 時間は R の関数 `proc.time()` で計測した.

表 3.1 は非計量 ALS 法と vε-ALS 法の反復回数と CPU 時間の結果をまとめたものである．この表より，反復回数と CPU 時間の両方において，vε-ALS 法は，非計量 ALS 法より非常に速く収束している．また，非計量 ALS 法が 10000 回 (最大反復回数) で収束しなかった場合でも，vε-

表 3.1　非計量 ALS 法と vε-ALS 法の反復回数と CPU 時間

	反復回数		CPU 時間	
	非計量 ALS	vε-ALS	非計量 ALS	vε-ALS
最小値	106.0	40	3.12	1.480
第 1 四分位数	366.8	116	9.95	3.565
中央値	514.0	164	13.82	4.895
平均値	676.0	219	18.09	6.406
第 1 四分位数	751.2	244	20.01	7.090
最大値	10000.0	2754	262.19	76.370

表 3.2　反復回数と CPU 時間の加速率

	反復回数	CPU 時間
最小値	1.194	1.131
第 1 四分位数	2.702	2.442
中央値	3.187	2.826
平均値	3.223	2.890
第 1 四分位数	3.687	3.290
最大値	8.027	7.233

ALS 法は収束している．これらの結果は，vε-ALS 法は非計量 ALS 法を加速していることを示している．

次に，vε-ALS 法が非計量 ALS 法と比べてどのくらい速く収束しているかを見るために，

$$\text{加速率} = \frac{\text{非計量 ALS 法の反復回数 (CPU 時間)}}{\text{vε-ALS 法の反復回数 (CPU 時間)}}$$

を計算した．この結果をまとめたものが表 3.2 である．反復回数と CPU 時間の加速率の平均値を見たとき，vε-ALS 法は非計量 ALS 法より約 3 倍速く収束していることがわかる．

図 3.5 は，横軸を非計量 ALS 法の反復回数，縦軸を反復回数 (CPU 時間) の加速率とした散布図である．この図より，非計量 ALS 法の反復回数が多い場合の方が，vε-ALS 法の加速率の値が大きくなっていることがわかる．この結果は，非計量 ALS 法の収束が遅いとき，vε-ALS 法の加速の効果がより強力であることを示すものである．

3.2 非計量主成分分析の計算：R パッケージ homals

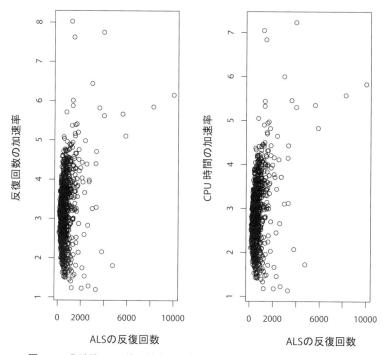

図 3.5 非計量 ALS 法に対する反復回数と CPU 時間の加速率の散布図

3.2 非計量主成分分析の計算：R パッケージ homals

本章の 2 つ目の話題として，交互最小二乗法が利用された手法で実際のデータ分析を行うための計算環境を 1 つ取り上げることにし，その使い方や出力を紹介する．手法は非計量主成分分析，計算環境は統計解析環境 R としよう．

非計量主成分分析のための商用ソフトウエアとしては SAS や SPSS categories があり，PRINCIPALS と PRINCALS をベースにそれぞれ開発されている．R でも非計量主成分分析は可能であり，そのためのパッケージとして de Leeuw, and Mair (2009) による homals がある．homals で扱える尺度水準は名義尺度，順序尺度，数値尺度であり，さらに名義尺度は単一名義 (single nominal) と多重名義 (multiple nominal) に区別することができる．名義変数の尺度水準が単一のみであれば非計量主成分分

析であり，この変数の一部が多重名義であれば等質性分析 (homogeneity analysis) である．等質性分析の考え方については，足立 (2006) にわかりやすい説明があり，足立・村上 (2011) には理論を含めた詳細な説明がある．

homals の計算アルゴリズムである HOMALS について説明する．以後，パッケージは小文字 homals，アルゴリズムを大文字 HOMALS と記述することで区別する．

等質性分析では，式 (3.5) で与えられた

$$LS(\mathbf{W}, \mathbf{F}) = \sum_{j=1}^{p} \|\mathbf{G}_j \mathbf{W}_j - \mathbf{F}\|^2$$

を最小化する $\mathbf{W}$ と $\mathbf{F}$ を解として見つける．この定式化において，$\mathbf{W}_j$ ($j = 1, \ldots, p$) を多重カテゴリー数量化得点 (multiple category quantification)，$\mathbf{F}$ を個体得点 (object score) といい，この最小化問題を解くアルゴリズムが HOMALS である．

カテゴリーの数量化において，名義尺度が単一であることは，

$$\mathbf{W}_j = \mathbf{q}_j \mathbf{a}_j^\top \tag{3.11}$$

を制約条件として課すことであり，階数 1 制約 (rank one restriction) という．変数 j が単一名義尺度であるとき，階数 1 制約 (3.11) のもとで最小化する関数は，

$$\|\mathbf{G}_j \mathbf{W}_j - \mathbf{F}\|^2 = \|\mathbf{G}_j \mathbf{W}_j - \mathbf{F}\|^2 + \|\mathbf{G}_j (\mathbf{W}_j - \mathbf{q}_j \mathbf{a}_j^\top)\|^2 \tag{3.12}$$

である．単一名義と多重名義，順序および数値といった尺度水準に対応する HOMALS は PRINCALS の W ステップを次のように書き直せばよい．

[W ステップ] $\mathbf{F}^{[t]}$ から $\mathbf{W}^{[t+1]} = \{\mathbf{W}_1^{[t+1]}, \ldots, \mathbf{W}_p^{[t+1]}\}$ を

$$\mathbf{W}_j^{[t+1]} = (\mathbf{G}_j^\top \mathbf{G}_j)^{-1} \mathbf{G}_j^\top \mathbf{F}^{[t]}$$

により計算し，尺度水準の制約条件に応じてパラメータを推定する．

- 多重名義尺度：$\mathbf{W}_j^{[t+1]}$ を推定値とする．
- 単一名義尺度：制約条件 (3.3) のもとで，$\mathbf{W}_j^{[t+1]}$ から，

$$\mathbf{a}_j^{[t+1]} = \mathbf{W}_j^{[t+1]\top}(\mathbf{G}_j^\top \mathbf{G}_j)\mathbf{q}_j^{[t]} \big/ \mathbf{q}_j^{[t]\top}(\mathbf{G}_j^\top \mathbf{G}_j)\mathbf{q}_j^{[t]},$$

$$\mathbf{q}_j^{[t+1]} = \mathbf{W}_j^{[t+1]}\mathbf{a}_j^{[t+1]} \big/ \mathbf{a}_j^{[t+1]\top}\mathbf{a}_j^{[t+1]}$$

  を計算する．
- 順序尺度：単調回帰法（p.50 参照）により $\mathbf{q}_j^{[t+1]}$ を再計算し，$\mathbf{W}_j^{[t+1]} = \mathbf{q}_j^{[t+1]}\mathbf{a}_j^{[t+1]\top}$ により更新する．

また，$\mathbf{X}_j$ が数値尺度によるものであれば，その標準化を行い，$\mathbf{X}_j = \mathbf{G}_j \mathbf{q}_j$ から求められる $\mathbf{q}_j$ を解として反復中に用いればよい．

3.2.1 R パッケージ homals の主要な関数

homals は，

```
homals(data, ndim = 2, rank = ndim, level = "nominal",
       eps = 1e-06, itermax = 1000)
```

により実行することができる．ここで，homals の実行で必要な引数は，

- data：データ名
- ndim：主成分数 (m)
- rank：数量化の次元数 (rank <- 1 で階数 1 制約を指定)
- level：変数の尺度水準 (nominal=名義，ordinal=順序，numerical=数値)

であり，パラメータの推定値は，

- objscores：多重カテゴリー数量化得点 $\mathbf{W}$
- loadings：成分負荷 $\mathbf{A}$
- low.rank：カテゴリー数量化得点 $\mathbf{Q} = [\mathbf{q}_1, \ldots, \mathbf{q}_p]$

で確認することができる．また，homalsでは，さまざまな作図が可能である．作成は，

   plot(x, plot.type = "loadplot", leg.pos = "topright")

により行う．描画する図は，引数 plot.type で指定する．これには，

- objplot：個体得点 $\mathbf{F}$ の散布図
- catplot：カテゴリー数量化得点 $\mathbf{q}_j$ $(j=1,\ldots,p)$ の散布図
- labplot：成分負荷 $\mathbf{A}$ の布置
- jointplot：多重カテゴリー数量化得点 $\mathbf{W}$ と個体得点 $\mathbf{F}$ の同一空間上への散布図
- trfplot：カテゴリー値に対する数量化得点の散布図

などがある．homalsで用意されている関数およびサンプルデータのリファレンスマニュアルは，以下にある．

   https://cran.r-project.org/web/packages/homals/index.html

3.2.2　homals による実行結果

2.2節で示した表2.2のデータを使ってhomalsを実行する．CSV形式で作成したデータを

   data <- read.table("DrinkData.txt",header=T,sep=",")

によりRに読み込んだものが表3.3である．このデータに homals を適用する．変数の尺度は，

ALC*	糖分	炭酸	原料	価格	味	色
順序	名義	名義	名義	順序	順序	名義
ordinal	nominal	nominal	nominal	ordinal	ordinal	nominal

* ALC: アルコール

であるので，変数 cat.level を，

3.2 非計量主成分分析の計算：R パッケージ homals

表 3.3 コード化した後に R に読み込んだデータ

	ラベル	ALC	糖分	炭酸	原料	価格	味	色
1	syrop	1	2	1	1	2	4	2
2	cola	1	2	2	1	1	4	3
3	seven-up	1	2	2	1	1	4	1
4	orangina	1	2	2	2	1	4	2
5	apple juice	1	1	1	2	1	4	2
6	orange juice	1	1	1	2	2	3	2
7	red bordeaux	2	1	1	2	2	2	5
8	wh. bordeaux	2	1	1	2	2	2	2
9	red Lambrusco	2	1	2	2	2	4	5
10	rose	2	1	1	2	2	3	4
11	Moselle wine	2	1	1	2	2	4	2
12	Sekt	2	1	2	2	2	3	2
13	Riesling	2	1	2	2	4	4	1
14	champagne ds	2	1	2	2	4	3	2
15	champagne br	2	1	2	2	4	2	2
16	sherry	3	1	1	2	3	3	3
17	port	3	1	1	2	3	4	5
18	Cointreau	5	2	1	2	4	4	1
19	jenever	5	1	1	3	3	1	1
20	gin	5	1	1	3	4	1	1
21	whisky	5	1	1	3	4	1	2
22	bear	2	1	2	3	1	1	2
23	old-br. beer	2	2	2	3	2	1	3
24	guinness	2	1	2	3	2	1	3
25	cider	2	2	2	2	2	4	2
26	strawberry lq	4	2	1	1	3	4	4
27	banana liquor	4	2	1	1	3	4	2
28	cherry brandy	4	2	1	1	3	4	4
29	bl. currant lq	4	2	1	1	3	4	5
30	slivovic	5	1	1	2	4	1	1
31	ouzo	5	2	1	4	4	4	1
32	Pernod	5	2	1	4	4	4	1
33	Jagermeister	4	1	1	4	3	1	3
34	rum	5	2	1	3	4	3	1

```
cat.level <- c("ordinal","nominal","nominal","nominal",
               "ordinal","ordinal","nominal")
```

とする.また,非計量主成分分析を行うための階数1制約は,

```
rank.var <- 1
```

で指定する.以上より,homals の実行は,

```
library("homals");
cat.level <- c("ordinal","nominal","nominal","nominal",
               "ordinal","ordinal","nominal")
rank.var <- 1
res <- homals(data[,-1],rank=rank.var,level=cat.level,
              ndim=2)
```

のようになる.データの1番目の項目の「ラベル」は計算に用いないので,homals の実行では data[,-1] とし,成分数は 2 (ndim=2) としている.homals で求めたパラメータの推定値は,

- res$objscores:個体得点 $\mathbf{F}$
- res$catscores:多重カテゴリー数量化得点 $\mathbf{W}$
- res$loadings:成分負荷量 $\mathbf{A}$
- res$low.rank:カテゴリー数量化得点 $\mathbf{Q}$

に保存され,

```
summary(res)
```

により,まとめて出力される.

表 3.4 から表 3.6 は,$\mathbf{W}$,$\mathbf{A}$,$\mathbf{Q}$ の推定値をまとめたものである.表 2.3 と比較すると,値が異なるが,その理由の 1 つに,$\mathbf{Q}$ に課す制約条件の違いがある.homals では,2.2.2 項および 3.1.1 項で記した制約条件 (2.12),(3.3) ではなく,

3.2 非計量主成分分析の計算：R パッケージ homals

表 3.4 多重カテゴリー数量化得点 $\mathbf{W}$

アルコール：$\mathbf{W}_1$		
1: 無	0.061	−0.027
2: 弱	0.044	−0.020
3: 中	−0.040	0.018
4: 強	−0.060	0.027
5: 極強	−0.069	0.031

糖分：$\mathbf{W}_2$		
1: 無	0.026	0.039
2: 有	−0.038	−0.056

炭酸：$\mathbf{W}_3$		
1: 無	−0.031	0.017
2: 有	0.057	−0.031

原料：$\mathbf{W}_4$		
1: 人工	−0.060	−0.077
2: 果実	0.016	0.021
3: 穀物	0.033	0.042
4: 香草	−0.028	−0.037

価格：$\mathbf{W}_5$		
1: 安価	0.074	−0.047
2: 中価	0.038	−0.024
3: 高価	−0.044	0.028
4: 極高	−0.044	0.028

味：$\mathbf{W}_6$		
1: ビター	0.026	0.054
2: ドライ	0.025	0.052
3: 甘	0.021	0.044
4: 極甘	−0.024	−0.050

色：$\mathbf{W}_7$		
1: 無色	−0.053	0.007
2: 黄	0.043	−0.006
3: 茶	0.030	−0.004
4: 薄赤	−0.066	0.009
5: 赤	−0.010	0.001

表 3.5 成分負荷 $\mathbf{A}$

	成分 1	成分 2
1: アルコール	−0.326	0.147
2: 糖分	−0.183	−0.273
3: 炭酸	0.246	−0.135
4: 原料	0.198	0.255
5: 価格	−0.279	0.178
6: 味	−0.139	−0.294
7: 色	0.260	−0.037

$$\mathbf{1}_n^\top \mathbf{G}_j \mathbf{q}_j = 0, \quad \mathbf{q}_j^\top \mathbf{G}_j^\top \mathbf{G}_j \mathbf{q}_j = 1 \quad (j = 1, \ldots, p)$$

をその条件として用いている．したがって，サンプル数 34 の平方根をとった $\sqrt{34} = 5.83$ を表 3.6 の値にかけると表 2.3(B) の結果と一致する．非計量主成分分析では，符号および数値の相対的比較から考察するため，

表 3.6 カテゴリー数量化得点 Q

アルコール：q_1	
1: 無	-0.187
2: 弱	-0.133
3: 中	0.123
4: 強	0.184
5: 極強	0.212

糖分：q_2	
1: 無	-0.143
2: 有	0.205

炭酸：q_3	
1: 無	-0.127
2: 有	0.232

原料：q_4	
1: 人工	-0.301
2: 果実	0.082
3: 穀物	0.164
4: 香草	-0.143

価格：q_5	
1: 安価	-0.264
2: 中価	-0.137
3: 高価	0.157
4: 極高	0.157

味：q_6	
1: ビター	-0.185
2: ドライ	-0.178
3: 甘	-0.149
4: 極甘	0.171

色：q_7	
1: 無色	-0.203
2: 黄	0.166
3: 茶	0.117
4: 薄赤	-0.255
5: 赤	-0.037

どちらの値を使っても結果の解釈に影響はない．

図 3.6 から図 3.9 はパラメータ $\mathbf{F}$，$\mathbf{Q}$，$\mathbf{A}$ に関連する散布図などを描いたものである．作図には以下のコマンドを用いた．ただし，図 3.8 と図 3.9 の散布図において，2 値変数である糖分と炭酸は省略している．

```
# 個体得点 F のプロット
plot(res,plot.type="objplot",asp=1)
# 成分負荷 A のプロット
plot(res,plot.type="loadplot",asp=1)
# カテゴリー数量化得点 q のプロット
plot(res,plot.type="catplot",asp=1)
# カテゴリー値に対する数量化得点のプロット
plot(res,plot.type="trfplot",asp=1)
# 多重カテゴリー数量化得点 W と F の同時プロット
plot(res,plot.type="jointplot",asp=1)
```

3.2 非計量主成分分析の計算：R パッケージ homals

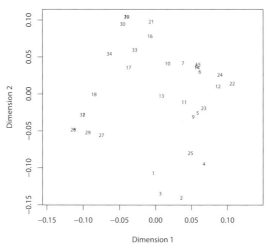

図 3.6　個体得点 **F** の散布図

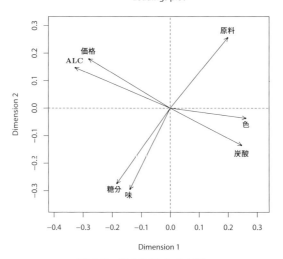

図 3.7　成分負荷 **A** の布置

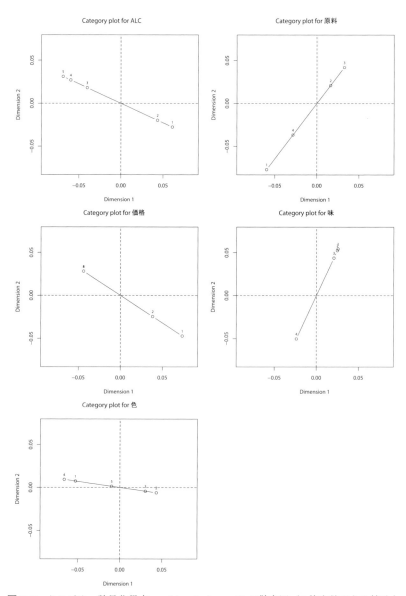

図 3.8 カテゴリー数量化得点 $\mathbf{q}_j$ ($j = 1, 4, \ldots, 7$) の散布図（2 値変数である糖分と炭酸は省略）

3.2 非計量主成分分析の計算：R パッケージ homals

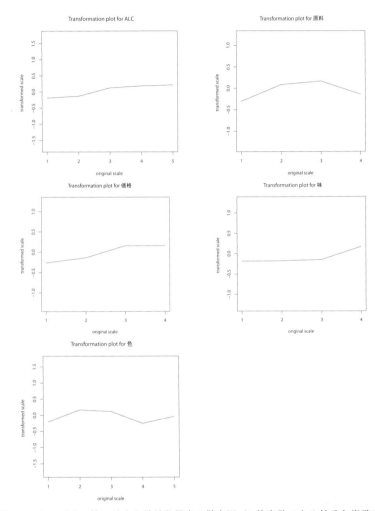

図 3.9 カテゴリー値に対する数量化得点の散布図（2 値変数である糖分と炭酸は省略）

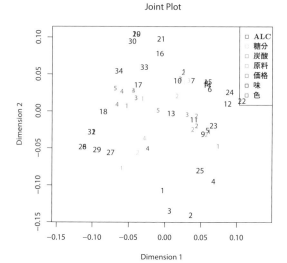

図 3.10 多重カテゴリー数量化得点 **W** と個体得点 **F** の散布図

次に，原料と色を次元数 2 の多重名義尺度として等質性分析を行う．この場合，

```
rank.var <- c(1,1,1,2,1,1,2)
```

であり，homals による実行は，

```
library("homals");
cat.level <- c("ordinal","nominal","nominal","nominal",
               "ordinal","ordinal","nominal")
rank.var <- c(1,1,1,2,1,1,2)
res <- homals(data[,-1],rank=rank.var,level=cat.level,
              ndim=2)
```

となる．これらの名義変数は階数 1 制約を課していないので，q_4 と q_7 は計算されない．当然，非計量主成分分析で得られたパラメータの推定値とは異なっている．また，多重名義尺度とした原料と色のカテゴリー数量化得点 W_4 と W_7 の散布図は，図 3.8 の単一名義におけるカテゴリー

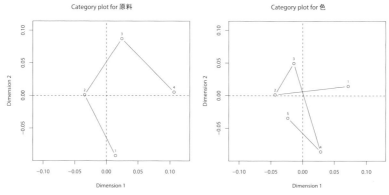

図 3.11 多重カテゴリー数量化得点 $\mathbf{W}_4$ と $\mathbf{W}_7$ の散布図

数量化得点の散布図と異なり直線上に布置されない．図 3.11 は，

```
plot(res,plot.type="catplot",asp=1)
```

による $\mathbf{W}_4$ と $\mathbf{W}_7$ の散布図である．単一名義尺度はカテゴリー数量化得点間の距離で類似性を測ったのに対して，多重名義尺度では 2 次元（平面）上に布置された点の位置関係の遠近からカテゴリーの類似性を容易に把握できる．例えば，$\mathbf{W}_4$ のカテゴリー数量化得点の布置により，原料の違いと匂いの強さからカテゴリーの類似性をうかがうことができる．穀物と人工的香料の匂いは似ているが天然原料と人工原料で異なり，また，果実と香草はどちらも天然原料である点では同じあるが，匂いの強さが違うなど，カテゴリーの類似性と非類似性を 2 つの観点から見ることが可能になる．

参考文献

[1] 足立浩平 (2006). 多変量データ解析法―心理・教育・社会系のための入門―. ナカニシヤ出版.

[2] 足立浩平 (2015). 因子分析への行列集約アプローチ. 日本統計学会誌, **44**, 363-382.

[3] Adachi, K. (2009). Joint Procrustes analysis for simultaneous nonsingular transformation of component score and loading matrices. *Psychometrika*, **74**, 667-683.

[4] Adachi, K. (2012). Some contributions to data-fitting factor analysis with empirical comparisons to covariance-fitting factor analysis. *Journal of the Japanese Society of Computational Statistics*, **25**, 25-38.

[5] Adachi, K. (2013). Generalized joint Procrustes analysis. *Computational Statistics*, **28**, 2449-2464.

[6] Adachi, K. (2016). *Matrix-based introduction to multivariate data analysis*. Springer.

[7] Adachi, K., and Trendafilov, N. T. (2014). Sparse orthogonal factor analysis. In Carpita, M., Brentari, E., and Qannari, E. M. (Eds.), *Advances in latent variables: Methods, models, and applications*, 227-239. Springer.

[8] 足立浩平・村上 隆 (2011). 非計量多変量解析法―主成分分析から多重対応分析へ―. 朝倉書店.

[9] 安藤洋美 (1995). 最小二乗法の歴史. 現代数学社.

[10] de Leeuw, J. (2004). Least squares optimal scaling of partially observed linear systems. In van Montfort, K., Oud, J., and Satorra, A. (Eds.), *Recent developments of structural equation models: Theory and applications*. 121-134. Kluwer Academic Publishers.

[11] de Leeuw, J., and Mair, P. (2009). Gifi methods for optimal scaling in R: The package homals. *Journal of Statistical Software*, **33**, 1-21, http://www.jstatsoft.org/v31/i04/paper.

[12] de Leeuw, J., Young, F. W., and Takane, Y. (1976). Additive structure in qualitative data: An alternating least squares methods with optimal scaling features. *Psychometrika*, **41**, 471-503.

[13] Dempster, A. P., Laird, N. M., and Rubin, D. B. (1977). Maximum likeli-

hood from incomplete data via the EM algorithm. With discussion. *Journal of the Royal Statistical Society. Series B*, **39**, 1-38.

[14] Eckart, C., and Young, G. (1936). The approximation of one matrix by another of lower rank. *Psychometrika*, **1**, 211-218.

[15] Gifi, A. (1981). *Nonlinear multivariate analysis*. Department of Data Theory, University of Leiden.

[16] Gifi, A. (1990). *Nonlinear multivariate analysis*. Wiley.

[17] Gower, J. C., and Dijksterhuis, G. B. (2004). *Procrustes problems*. Oxford University Press.

[18] Hastie, T., Buja, A., and Tibshirani, R. (1995). Penalized discriminant analysis. *Annals of Statistics*, **23**, 73-102.

[19] Hastie, T., Tibshirani, R., and Buja, A. (1994). Flexible discriminant analysis by optimal scoring. *Journal of the American Statistical Association*, **89**, 1255-1270.

[20] Hirose, K., and Yamamoto, M. (2014). Estimation of an oblique structure via penalized likelihood factor analysis. *Computational Statistics and Data Analysis*, **79**, 120-132.

[21] Hirose, K., and Yamamoto, M. (2015). Sparse estimation via nonconcave penalized likelihood in factor analysis model. *Statistics and Computing*, **25**, 863-875.

[22] 伊理正夫・藤野和建 (1985). 数値計算の常識. 共立出版.

[23] 狩野 裕・三浦麻子 (2002). AMOS, EQS, LISREL によるグラフィカル多変量解析（増補版）―目で見る共分散構造分析―. 現代数学社.

[24] Kiers, H. A. L. (1989). *Three-way methods for the analysis of qualitative and quantitative two-way data*. DSWO Press.

[25] Kiers, H. A. L., and ten Berge, J. M. F. (1992). Minimization of a class of matrix trace functions by means of refined majorization. *Psychometrika*, **57**, 371-382.

[26] Kruskal, J. B. (1964a). Multidimensional scaling by optimizing goodness of fit to a nonmetric hypothesis. *Psychometrika*, **29**, 1-29.

[27] Kruskal, J. B. (1964b). Nonmetric multidimensional scaling: A numerical method. *Psychometrika*, **29**, 115-129.

[28] Kuroda, M., and Sakakihara, M. (2006). Accelerating the convergence of the EM algorithm using the vector ε algorithm. *Computational Statistics and Data Analysis*, **51**, 1549-1561.

[29] Kuroda, M., Mori, Y., Iizuka, M., and Sakakihara, M. (2011). Acceleration of the alternating least squares algorithm for principal components analysis. *Computational Statistics and Data Analysis*, **55**, 143-153.

[30] Kuroda, M., Geng, Z., and Sakakihara, M. (2015). Improving the vector ε acceleration for the EM algorithm using a re-starting procedure. *Computational Statistics*, **30**, 1051-1077.

[31] Lange, K. (2010). *Numerical analysis for statisticians (2nd Edition)*. Springer.

[32] MacQueen, J. B. (1967). Some methods for classification and analysis of multivariate observations. *Proceedings of the 5th Berkeley Symposium*, **1**, 281-297.

[33] McLachlan, G., and Krishnan, T. (1997). *The EM algorithm and extensions, 2nd Edition*. Wiley.

[34] Michailidis, G., and de Leeuw, J. (1998). The Gifi system of descriptive multivariate analysis. *Statistical Science*, **13**, 307-336.

[35] 蓑谷千凰彦 (2015). 線形回帰分析. 朝倉出版.

[36] 森 克美 (1990). 非線形方程式. 大野 豊・磯田和男（編）. 新版 数値計算ハンドブック. 589-634, オーム社.

[37] Mori, Y., Kuroda, M., and Makino, N. (2017). *Nonlinear principal component analysis and its applications*. JSS Research Series in Statistics, Springer.

[38] 村上 隆 (1997). カテゴリカル・データの非計量主成分分析の応用. 名古屋大学教育学部紀要―教育心理学科―, **44**, 87-105.

[39] R Core Team (2013). R: A language and environment for statistical computing. R Foundation for Statistical Computing, http://www.R-project.org/.

[40] 齋藤堯幸 (1980). 多次元尺度構成法. 朝倉書店.

[41] 佐藤義治 (2009). 多変量データの分類―判別分析・クラスター分析―. 朝倉書店.

[42] 志賀浩二 (1994). 方程式―解ける鎖, 解けない鎖―（数学が育っていく物語―第5週―）. 岩波書店.

[43] Sidi, A. (2003). *Practical extrapolation methods, theory and applications*. Cambridge University Press.

[44]سočan, G. (2003). The incremental value of minimum rank factor analysis. PhD Thesis, University of Groningen.

[45] SPSS (1994). *SPSS categories 6.1*. SPSS Inc.

[46] SPSS (1997). *SPSS 7.5 statistical algorithms*. SPSS Inc.

[47] 末吉俊幸 (1997). 最小絶対値法による回帰分析. *Journal of the Operations Research Society of Japan*, **40**, 261-275.

[48] 高根芳雄 (1980). 多次元尺度法. 東京大学出版会.

[49] Takane, Y., Young, F. W., and de Leeuw, J. (1975). How to use PRINCIPALS, Unpublished user's manual, The University of North Carolina.

[50] 田島 稔・小牧和雄 (1986). 最小二乗法の理論とその応用. 東洋書店.

[51] ten Berge, J. M. F. (1983). A generalization of Kristof's theorem on the trace of certain matrix products. *Psychometrika*, **48**, 519-523.

[52] ten Berge, J. M. F. (1993). *Least square optimization in multivariate analysis*. DSWO Press.

[53] Thurstone, L. L. (1947). *Multiple factor analysis*. University of Chicago Press.

[54] Uno, K., Satomura, H., and Adachi, K. (2016). Fixed factor analysis with clustered factor score constraint. *Computational Statistics and Data Analysis*, **94**, 265-274.

[55] 矢部 博 (2006). 最適化とその応用. 数理工学社.

[56] Yoshida, R., and West, M. (2010). Bayesian learning in sparse graphical factor models via variational mean-field annealing. *Journal of Machine Learning Research*, **11**, 1771-1798.

[57] Young, F. W. (1975). Methods for describing ordinal data with cardinal models. *Journal of Mathematical Psychology*, **12**, 416-436.

[58] Young, F. W. (1981). Quantative analysis of qualitative data. *Psychometrika*, **46**, 357-388.

[59] Young, F. W., de Leeuw, J., and Takane, Y. (1976). Regression with qualitative and quantitative variables: An alternating least squares methods with optimal scaling features. *Psychometrika*, **41**, 505-528.

[60] Young, F. W., Takane, Y., and de Leeuw, J. (1978). The principal components of mixed measurement level multivariate data: An alternating least squares methods with optimal scaling features. *Psychometrika*, **43**, 279-281.

[61] Wynn, P. (1962). Acceleration techniques for iterated vector and matrix problems. *Mathematics of Computation*, **16**, 301-322.

索　引

【欧字】

Aitken δ^2 アルゴリズム, 82
ALS (alternating least squares), 43
EM アルゴリズム, 77
　—の加速, 77
HOMALS, 92
homals, 91
　リファレンスマニュアル, 94
k 平均クラスタリング, 58
　—のアルゴリズム, 60
PRINCALS, 45, 79
PRINCIPALS, 45, 78
$v\varepsilon$-ALS 法, 85
　—の加速性, 87
　—の加速性能, 89
　—の収束性, 87
　—の特性, 86
vector ε アルゴリズム（$v\varepsilon$ アルゴリズム）, 83
　—の優位性, 84

【ア行】

1 次収束, 76, 82
一般化最小二乗推定量, 28
一般化最小二乗法, 28
一般化同時プロクラステス分析, 66
　—のアルゴリズム, 65
因子分析, 67
　—のパス図, 68

【カ行】

回帰直線, 10
　x 軸方向に誤差, 13
　x の y への—, 13
　y 軸方向に誤差, 10
　y の x への—, 13
　直交—, 15
階数 1 制約, 92
ガウス, 23
ガウス・マルコフの定理, 26
確認的因子分析, 72
加速率, 90
強凸関数, 54
行列因子分析, 67
　—のアルゴリズム, 71
局所解, 55
局所最小, 55
局所的最小解, 20
交互最小二乗法, 38
　—の一般的定式化, 41
　—の代表例, 43
固有値, 34
固有値問題, 34
固有ベクトル, 34

【サ行】

最小自乗法, 9
最小絶対値法, 8
最小二乗基準, 2
　—の例, 2, 4, 5, 7, 9, 11, 14, 18, 24, 39, 44, 46, 59, 61, 65, 67, 68, 78, 80, 92

索　引

最小二乗推定量, 24
最小二乗法, 9
　—のアルゴリズム, 39
　—の効用, 23
　—の歴史, 23
最適尺度法, 48
最適性条件, 20
最適得点化, 48
最尤推定値, 35
最尤推定量, 35
最尤法, 35
最良線形不偏推定量, 26
残差, 13
収束率, 88
主成分分析, 16
　—と直交回帰, 16
順序制約, 49, 50
スパース因子分析, 72, 73
スパース制約, 72
正規方程式, 19
制約条件, 29, 47, 49, 67
線形推定量, 25
線形不偏推定量, 25

【タ行】

大域解, 55
　—のシミュレーションによる評価, 57
大域最小, 55
大域的最小解, 20
対数尤度関数, 35
多重スタート法, 56
探索的因子分析, 71
単調回帰法, 49
　—のアルゴリズム, 50
直交回帰, 15
　—と主成分分析, 16
直交回帰直線, 15
直交プロクラステス回転, 63
停留点, 82

等質性の仮定, 52, 79
同時プロクラステス分析, 61
　—のアルゴリズム, 64
特異値分解, 47, 62, 69
凸関数, 53
凸性, 21

【ハ行】

反復, 40, 45
反復解法, 76
非計量 ALS 法, 43
　—の加速, 82, 85
非計量主成分分析, 45
　—のアルゴリズム, 49
　—の加速, 85
　—の加速アルゴリズム, 85
　—の適用例, 49
微分, 19
ブロック行列, 68
平均値, 9
平方完成, 3
ベクトル列の収束の加速, 81
偏微分, 19
補外法, 78, 83
　—による加速, 82
　—の例題, 82

【マ行】

無制約最小化問題, 20

【ヤ行】

尤度関数, 35
尤度方程式, 35

【ラ行】

ラグランジュの未定乗数法, 29

〈著者紹介〉

森　裕一（もり　ゆういち）
1995 年　岡山大学大学院自然科学研究科博士後期課程修了
現　在　岡山理科大学経営学部 教授
　　　　博士（学術）
専　門　計算機統計学
主　著　*Nonlinear Principal Component Analysis and Its Applications-JSS Research Series in Statistics-*（共著, Springer, 2016）

黒田正博（くろだ　まさひろ）
2000 年　東京理科大学大学院工学研究科博士後期課程修了
現　在　岡山理科大学経営学部 教授
　　　　博士（工学）
専　門　計算機統計学
主　著　*Nonlinear Principal Component Analysis and Its Applications-JSS Research Series in Statistics-*（共著, Springer, 2016）

足立浩平（あだち　こうへい）
1982 年　京都大学文学部卒業
現　在　大阪大学大学院人間科学研究科 教授
　　　　博士（文学）
専　門　多変量データ解析法
主　著　*Matrix-Based Introduction to Multivariate Data Analysis*（単著, Springer, 2016）

統計学 One Point 3

最小二乗法・交互最小二乗法
Least Squares and
Alternating Least Squares

2017 年 9 月 15 日　初版 1 刷発行

著　者　森　裕一
　　　　黒田正博　ⓒ 2017
　　　　足立浩平

発行者　南條光章

発行所　共立出版株式会社
〒112-0006
東京都文京区小日向 4-6-19
電話番号　03-3947-2511（代表）
振替口座　00110-2-57035
http://www.kyoritsu-pub.co.jp/

印　刷　大日本法令印刷
製　本　協栄製本

検印廃止
NDC 417.8
ISBN 978-4-320-11254-4

一般社団法人
自然科学書協会
会員

Printed in Japan

JCOPY ＜出版者著作権管理機構委託出版物＞
本書の無断複製は著作権法上での例外を除き禁じられています．複製される場合は，そのつど事前に，出版者著作権管理機構（TEL：03-3513-6969，FAX：03-3513-6979，e-mail：info@jcopy.or.jp）の許諾を得てください．